U0211192

天目山常见药用植物图鉴

主　编　蒋金火　李　攀
副主编　杨淑贞　陈　川　方　悦
主　审　傅承新

图书在版编目（CIP）数据

天目山常见药用植物图鉴 / 蒋金火，李攀主编 .—
杭州：浙江大学出版社，2019.12
ISBN 978-7-308-19669-7

Ⅰ.①天… Ⅱ.①蒋… ②李… Ⅲ.①天目山—药用
植物—图集 Ⅳ.①Q949.95-64

中国版本图书馆 CIP 数据核字（2019）第 237171 号

天目山常见药用植物图鉴

蒋金火　李　攀　主编
杨淑贞　陈　川　方　悦　副主编

责任编辑　冯其华（zupfqh@zju.edu.cn）
责任校对　沈国明
封面设计　周　灵
出版发行　浙江大学出版社
（杭州市天目山路 148 号　邮政编码 310007）
（网址：http://www.zjupress.com）
排　　版　杭州中大图文设计有限公司
印　　刷　浙江海虹彩色印务有限公司
开　　本　880mm×1230mm　1/32
印　　张　16.25
字　　数　600 千
版 印 次　2019 年 12 月第 1 版　2019 年 12 月第 1 次印刷
书　　号　ISBN 978-7-308-19669-7
定　　价　98.00 元

序

天目山脉位于欧亚大陆的东部，是世界上生物多样性最为丰富的地区之一，也是多种第三纪孑遗植物的栖息地。天目山自然条件优越，蕴藏了丰富的植物资源，有华东“植物王国”之誉。天目山在气候与地理方面具有中亚热带向北亚热带过渡的特征，并受海洋暖湿气流的影响较深，森林植被茂盛，其中野生药用植物很有地域代表性。在植物区系上，以泛热带分布、北温带分布以及东亚－北美间断分布类型为主。我国近代植物分类学奠基人钟观光先生以及其他著名植物分类学家钱崇澍、胡先骕、郑万钧、秦仁昌、梁希等早期均对天目山植物进行了大量的调查研究。20 世纪 50 年代后，方云亿、张朝芳、郑朝宗、丁炳扬、李根有等第二、三代植物分类学学者陆续做了许多研究工作，为摸清天目山植物的家底奠定了基础。在 20 世纪 60 年代，浙江省卫生厅组织业内专家对天目山药用植物进行了调查，并编写了《浙江天目山药用植物志（上集）》，但由于某些历史原因，续集一直未能编写出版，是一遗憾。自 21 世纪以来，浙江大学生命科学学院植物系统进化与生物多样性研究室在天目山地区开展了近 20 年的珍稀、濒危植物研究；同时，我们对天目山药用植物的种质资源和道地性开展了深入研究，并涌现了一批有志于从事植物种质资源调查与研究的年轻人。自 2015 年以来，我牵头开展了长达 5 年的科技部基础性工作——“华东黄山—天目山脉及仙霞岭—武夷山脉生物多样性调查重大基础性工作专项”。为此，浙江大学生命科学学院植物系统进化与生物多样性研究团队进行了大规模的调查，并计划出版《天目山脉维管植物图鉴》丛书。本书是该重大专项研究的重要组成部分，由浙江大学生命科学学院植物系统进化与生物多样性研究团队和天目山国家级自然保护区联合编撰，也是《浙江天目山药用植物志（上集）》和《天目山植物志》的补充，为该地区的植物生物多样性研究提供了新的资料，对浙江北部乃至华东药用植物的研究很有参考价值。

随着时间的推移和经济、社会的发展，人们对本地区天然植物的兴趣会越来越浓厚。

我们相信这本区域性植物图鉴的编写出版对人们了解和认识当地植物是十分必要的，希望在不久的将来第2册、第3册……能陆续面世。此外，本书按照最新的APG IV（2016）分类系统编排，体现了与时俱进的特点，且对在植物分类学领域普及新观念、新发展是很有必要的。

浙江省植物学会名誉理事长 

前　言

生物多样性是人类赖以生存及社会可持续性发展最为重要的物质基础，是地球经过40多亿年的自然演化而形成的。丰富的生物多样性使人类得以在多领域、多层次的可持续利用以至改造生物世界。我国华东地区位居中北亚热带季风区，其地形地貌和微生境复杂多变。由于山脉、河流和气候环境的复杂耦合作用，其景观、生态系统和物种多样性既丰富又特殊，是第三和第四纪古植被与生物区系的重要“避难所”，保留了大量第三纪孑遗动植物。华东地区既是我国生物多样性保护的关键区域和科学研究的热点区域之一，也是亚洲东部北亚热带常绿阔叶林最为典型的代表区域之一。自2015年以来，在科技部的资助下，由浙江大学牵头开展了为期5年的生物多样性系统调查和研究［“华东黄山—天目山脉及仙霞岭—武夷山脉生物多样性调查重大基础性工作专项”（项目编号2015FY110200）］，而天目山脉是调查的重要区域之一。

由于西天目山建立国家级自然保护区较早，因此其生物种类丰富、保存相对较好，长期以来是科学研究和教学的理想之地。药用植物是自然界中的重要生物种类，人类对它的认识可追溯到5000年前的本草学时期。人类在对生物多样性进行研究时，很自然地对具有药用价值和悠久应用历史的植物给予了特别关注。从20世纪50年代开始，浙江大学等华东高校在西天目山开展生物学野外实习。在实习中，很多师生对植物的药用价值表现出强烈的兴趣，由此促使我们编写了这本《天目山常见药用植物图鉴》。此外，20世纪60年代浙江省有关专家曾经编写出版了《浙江天目山药用植物志（上集）》，但由于某些历史原因续集未能完成，因此本书将作为该工作的延续和补充。今后我们也将继续编写出版第2册、第3册……以弥补前人的不足。

在历时5年的调查中，我们在整个天目山脉区域内共采集到种子植物51科622属1590余种，对其中具有药用价值的被子植物进行了研究。本书共收录药用被子植物463种，采用APG Ⅳ系统（APG Ⅳ，2016）进行编排，图文并茂介绍了每个种的基本药用价值，并且书后附有中文名和拉丁学名索引，便于读者查找。本书可使读者了解植物系统分类的新进展，其中中文名及拉丁学名主要参考了《中国植物志》、The Plant List（TPL）、International Plant Names Index（IPNI）和 Flora of China（FOC）。本书可供高等院校生命科学相关专业师生、有关科研单位研究人员和对生命科学感兴趣的读者参考学习。

本书的出版得到了科技部调查专项项目（项目编号 2015FY110200）和国家基础科学人才培养基金——浙江大学生物学基地能力提高（野外实践）项目（项目编号 J1103501）的资助。邱英雄、赵云鹏、姜维梅、叶喜阳、闫晓玲、朱珊珊、朱鑫鑫、张欣欣等同志提供了部分植物图片，在此一并表示感谢。

由于时间和水平有限，书中难免存在差错和不足之处，敬请读者朋友们指正，以便再版时更新、更正。

本书中所述中药功效、主治等仅供读者朋友们参考学习，不作为临床治疗的依据。

蒋金火　李　攀

2019 年 10 月

目　　录

菝葜科 Smilacaceae

百合科 Liliaceae

兰科 Orchidaceae

鸢尾科 Iridaceae

石蒜科 Amaryllidaceae

天门冬科 Asparagaceae

防己科 Menispermaceae

小檗科 Berberidaceae

毛茛科 Ranunculaceae

葡萄科 Vitaceae

豆科 Fabaceae

胡颓子科 Elaeagnaceae

鼠李科 Rhamnaceae

大麻科 Cannabaceae

桑科 Moraceae

荨麻科 Urticaceae

胡桃科 Juglandaceae

葫芦科 Cucurbitaceae

秋海棠科 Begoniaceae

卫矛科 Celastraceae

酢浆草科 Oxalidaceae

金丝桃科 Hypericaceae

堇菜科 Violaceae

大戟科 Euphorbiaceae

叶下珠科 Phyllanthaceae

牻牛儿苗科 Geraniaceae

千屈菜科 Lythraceae

桃金娘科 Myrtaceae

野牡丹科 Melastomataceae

省沽油科 Staphyleaceae

漆树科 Anacardiaceae

无患子科 Sapindaceae

芸香科 Rutaceae

苦木科 Simaroubaceae

楝科 Meliaceae

锦葵科 Malvaceae

山矾科 Symplocaceae

杜鹃花科 Ericaceae

杜仲科 Eucommiaceae

茜草科 Rubiaceae

龙胆科 Gentianaceae

夹竹桃科 Apocynaceae

紫草科 Boraginaceae

旋花科 Convolvulaceae

茄科 Solanaceae

木犀科 Oleaceae

苦苣苔科 Gesneriaceae

车前科 Plantaginaceae

玄参科 Scrophulariaceae

母草科 Linderniaceae

爵床科 Acanthaceae

马鞭草科 Verbenaceae

唇形科 Lamiaceae

菊科 Asteraceae

南五味子

Kadsura longipedunculata Finet et Gagnep.

南五味子属 *Kadsura* 五味子科 Schisandraceae

常绿藤本，全株无毛。小枝紫褐色。叶互生。叶片革质，椭圆形，长 5 ~ 13 厘米，先端渐尖，基部楔形，边缘有疏齿。花单性，雌雄异株，单生于叶腋，淡黄色或白色，有芳香，具 3 ~ 15 厘米的细长花梗。聚合果球形，径 1.5 ~ 3.5 厘米，深红色至暗紫色。花期 6—9 月，果期 9—12 月。生于山坡、溪谷两岸的杂灌木林中。

根、果实入药。根为红木香，行气开膈，活血止痛；用于治疗胃溃疡、肠胃炎、中暑腹痛。果实为南五味子，收敛固涩，益气生津，补肾宁心；用于治疗久嗽虚喘、梦遗滑精、遗尿尿频、久泻不止、津伤口渴、短气脉虚、内热消渴、心悸失眠。

翼梗五味子　粉背五味子

Schisandra henryi Clarke

五味子属 *Schisandra*　五味子科 Schisandraceae

落叶藤本。幼枝淡绿色，老枝紫褐色，具5棱，有翅膜，皮孔明显；芽鳞大，常宿存，无毛。叶片近革质，宽卵形或宽椭圆状卵形，长6 ~ 11厘米，宽5 ~ 8厘米，下面被白粉显著，叶缘疏生细浅齿瘤乃至全缘。花单性，雌雄异株，单生于叶腋，黄绿色。聚合果红色。花期5—10月。生于溪沟边林下。

全株药用，根、茎有通经活血、强筋壮骨之效，果实可滋肾养锐、润肺止咳。

区别特征：南五味子聚合果球形；翼梗五味子老枝有棱，叶背被白粉。

红毒茴 披针叶茴香

Illicium lanceolatum A.C. Sm.

八角属 *Illicium* 五味子科 Schisandraceae

常绿小乔木。小枝、叶、叶柄均无毛，具香气。叶片革质，倒披针形或披针形，长 5 ~ 15 厘米，宽 1.5 ~ 4.5 厘米，全缘，先端尾尖或渐尖，基部窄楔形，上面绿色有光泽。花腋生或近顶生；花被片 10 ~ 15，轮状着生，外轮 3 片绿色，其余红色；雄蕊 6 ~ 11；心皮 10 ~ 13，轮状排列。聚合果有蓇葖 10 ~ 13，蓇葖先端有长而弯曲的尖头。花期 5—6 月，果期 8—10 月。生于溪谷两旁的杂木林中。

根和根皮入药，散瘀止痛，祛风除湿；用于治疗跌打损伤、风湿性关节炎、腰腿痛。根、根皮和果实均有毒，慎用。

蕺菜 鱼腥草

Houttuynia cordata Thunb.

蕺菜属 *Houttuynia* 三白草科 Saururaceae

多年生有腥臭草本，高 15 ~ 60 厘米。叶互生；叶片薄纸质，心形，长 3 ~ 8 厘米；全缘，上面绿色，密生细腺点，下面紫红色，细腺点尤甚。穗状花序生于茎顶，或与叶对生，基部有 4 枚白色花瓣状总苞片，使整个花序像一朵花；花小，雄蕊 3；雌蕊 1，由 3 枚下部合生的心皮组成，子房上位，花柱 3 离生。花期 5—8 月，果期 7—8 月。生于背阴湿地、林缘及路边、沟边草坡或草丛中。

地上部分入药；清热解毒，消痈排脓，利尿通淋；用于治疗肺痈吐脓、痰热、喘咳、热痢、热淋、痈肿疮毒。

三白草

Saururus chinensis (Lour.) Baill.

三白草属 *Saururus*　三白草科 Saururaceae

多年生草本。茎直立，具纵长的粗棱和沟槽，高 30 ~ 80 厘米，基部匍匐状，节上常生不定根。叶互生；叶全缘，叶片厚纸质，阔卵形，长 4 ~ 20 厘米；先端渐尖，基部心状耳形，基出脉 5 条，两面无毛；花序下的 2 ~ 3 叶常为乳白色花瓣状。总状花序与叶对生；花小，两性，无花被；雄蕊 6；柱头 4 离生。花期 4—7 月，果期 7—9 月。生于低湿沟边、水塘边或溪边，或常年积水、腐殖质较多的沼泽地。

全草入药；清湿热，利小便；主治尿路感染、尿路结石、脚气水肿、肾炎水肿、白带过多。鲜品捣烂外敷可治疗疮脓肿。

马兜铃

Aristolochia debilis Siebold et Zucc.

马兜铃属 *Aristolochia*　马兜铃科 *Aristolochiaceae*

多年生缠绕草本，植株各部无毛。茎具纵沟。叶片纸质，三角状卵形至卵状披针形，长 3 ~ 8 厘米，宽 1.0 ~ 4.5 厘米；先端圆钝，具小尖头；基部心形，两侧常突然外展成圆耳；叶脉 5 ~ 7 条，基出。花 1 ~ 2 朵生于叶腋；花被筒下部黄绿色，基部膨大成球状，檐部暗紫色。蒴果近球形，径 3 ~ 4 厘米。花期 6—7 月，果期 9—10 月。生于山坡、路边灌丛中。

根、茎、果入药。根称青木香，可行气、解毒、消肿；用于治疗胸腹胀痛、肠炎痢疾、毒蛇咬伤、疮疖痈肿。茎称天仙藤，可行气化湿、活血止痛；用于治疗胃痛、产后腹痛、风湿疼痛。果称马兜铃，可清肺降气、化痰止咳；用于治疗肺热咳喘、咯血、失音、痔瘘。

杜衡

Asarum forbesii Maxim.

细辛属 *Asarum*　马兜铃科 Aristolochiaceae

多年生草本。根状茎短；须根肉质，微具辛辣味。叶 1 ~ 2 枚；叶片薄纸质，肾形或圆心形，长、宽均为 2.5 ~ 8.0 厘米；先端圆钝，基部耳形，上面常有云斑；叶柄长 4 ~ 15 厘米，无毛。花单生叶腋；花被筒钟形，紫色，雄蕊 12，子房半下位，花柱 6 离生。蒴果卵球形。花期 3—4 月，果期 5—6 月。生于山坡林下阴湿处。

全草入药，有小毒；祛风散寒，开窍止痛；主治风寒头痛、肺寒咳喘、中暑、腹痛、风湿痹痛。

细辛

Asarum sieboldii Miq.

细辛属 Asarum　马兜铃科 Aristolochiaceae

多年生草本。根状茎短；须根肉质，极辛辣。叶 1 ~ 2 枚；叶片薄纸质，肾状心形，长 7 ~ 14 厘米，宽 6 ~ 12 厘米，基部深心形；叶柄长 10 ~ 20 厘米。花单生叶腋；花被筒钟形，径约 1 厘米；花被裂片宽卵形，平展；雄蕊 12，花丝长于或等长于花药；子房半下位，花柱 6 离生。蒴果近球形。花期 4—5 月。生于山坡或沟谷林下阴湿处。

根和根茎入药；解表散寒，祛风止痛，通窍，温肺化饮；治风寒感冒、头痛、牙痛、鼻塞流涕、鼻渊、风湿痹痛、痰饮喘咳。马兜铃科植物因含致癌物马兜铃酸而备受质疑。

区别特征：细辛叶片先端短渐尖，杜衡叶片先端圆钝。

厚朴

Magnolia officinalis Rehder et E.H. Wilson

木兰属 *Magnolia*　木兰科 Magnoliaceae

落叶乔木，高达20米。叶片大，常7～12枚集生枝梢，长圆状倒卵形，长20～30厘米，宽8～17厘米；先端短急尖或圆钝，基部楔形，全缘，上面绿色，下面灰绿色，有白粉，被平伏柔毛。花大，与叶同时开放，白色，径约15厘米；花被片9～12，肉质，外轮3片淡绿色，长圆状倒卵形，其他花被片倒卵状匙形。花期4—5月，果期9—10月。生于山坡混交林中。

树皮、花、种子入药；燥湿消痰，消食散痞，降气平喘；治胸腹痞满胀痛、反胃、呕吐、宿食不消。

凹叶厚朴

***Magnolia officinalis* subsp. *biloba* (Rehder & E.H. Wilson) Y.W. Law**

木兰属 *Magnolia*　木兰科 Magnoliaceae

本亚种与原种的区别在于叶片先端凹缺成 2 裂；聚合果基部较窄。

用途与原种厚朴相同。

玉兰

Magnolia denudata **Desr.**

木兰属 *Magnolia*　木兰科 Magnoliaceae

落叶乔木，高达 15 米。小枝淡灰褐色，具环状托叶痕。叶互生；叶片宽倒卵形或倒卵状椭圆形，长 8 ~ 18 厘米，宽 6 ~ 10 厘米；先端宽圆，有一短尖头；基部楔形，全缘。花先于叶开放，径 12 ~ 15 厘米，大而显著；花被片 9 枚。聚合蓇葖果，不规则圆柱形。花期 3 月，果期 9—10 月。生于山坡混交林中。

花蕾入药；祛风散寒，通鼻窍；治风寒头痛、鼻塞、急慢性鼻窦炎、过敏性鼻炎等。

紫玉兰

Magnolia liliiflora Desr.

木兰属 *Magnolia*　木兰科 Magnoliaceae

落叶灌木，高 3 ～ 4 米。小枝紫褐色，有明显的灰白色皮孔。叶互生；叶片椭圆状倒卵形或倒卵形，长 8 ～ 18 厘米，宽 3 ～ 8 厘米；先端急尖或渐尖，基部楔形。花先于叶或与叶同时开放；花被片 9 枚，外轮 3 片绿色，披针形；萼片状，内两轮的外面紫色，内面白色带紫。花期 3—4 月，果期 8—9 月。零星栽培。

花蕾入药，称辛夷；祛风，通窍；治鼻炎、风寒头痛、鼻塞不通、牙痛。

樟

Cinnamomum camphora (L.) J. Presl

樟属 *Cinnamomum*　樟科 Lauraceae

常绿乔木，高达30米。小枝光滑无毛。叶互生，薄革质；叶片卵形，长6～12厘米；叶背面灰绿色，薄被白粉，离基三出脉，脉腋有腺体。圆锥花序，花淡黄绿色。果近球形，熟时紫黑色。花期4—5月，果期8—11月。生于低海拔山坡、路旁、房前屋后。

根、果入药；祛风散寒，消食化滞；主治肠胃炎、胃寒腹痛、腹胀、风湿骨痛、跌打损伤。

山胡椒

Lindera glauca (Siebold et Zucc.) Blume

山胡椒属 *Lindera*　樟科 Lauraceae

落叶灌木，高达 8 米。小枝灰白色；叶互生，叶片纸质，椭圆形或宽椭圆形，长 4 ~ 9 厘米，宽 2 ~ 4 厘米，背面被灰白色柔毛。伞形花序腋生于新枝下部，与叶同时开放；总梗短或不明显；每花序具 3 ~ 8 花；花被片黄色。果球形，熟时紫黑色。花期 3—4 月，果期 7—8 月。生于山坡灌丛或杂木林中。

根、树皮、果及叶入药；祛风活络，解毒消肿，止血止痛；治劳伤、筋骨酸麻、食纳欠佳、肢体肿胀、痈肿初起、风湿麻痹、中风不语。

山橿

Lindera reflexa **Hemsl.**

山胡椒属 *Lindera* 樟科 Lauraceae

落叶灌木或小乔木，高 1 ~ 6 米。小枝黄绿色，有黑褐色斑块，平滑，无皮孔。叶互生；叶片纸质，卵形或倒卵状椭圆形，长 4 ~ 15 厘米；先端渐尖，有时略尾状，基部宽楔形至圆形，上面绿色，下面带灰白色。伞形花序具短总梗，长约 0.3 厘米，密被红褐色微柔毛；花梗长 0.4 ~ 0.5 厘米，密被白色柔毛；花被裂片黄色。果圆球形，径约 0.7 厘米，熟时鲜红色，果梗长约 2 厘米。花期 4 月，果期 8 月。生于山坡、沟谷林下或林缘或灌丛中。

根及果实入药；行气止痛，止血消肿；主治疥癣、风疹、胃痛。根皮捣敷可治刀伤出血。

乌药

Lindera aggregata (Sims) Kosterm.

山胡椒属 *Lindera* 樟科 Lauraceae

常绿灌木，高达5米。根膨大如纺锤状，外皮淡紫红色，内皮白色。小枝绿色至灰褐色，幼时密被金黄色绢毛。叶互生；叶片革质，卵形，长3～7厘米；先端长渐尖至尾尖，基部圆形至宽楔形，上面绿色有光泽，下面灰白色，三出脉。伞形花序着生于两年生枝叶腋，总梗极短或无；花被片黄绿色。果卵形，熟时黑色。花期3—4月，果期10—11月。生于山坡、谷地林下灌丛中。

块根入药；行气止痛，温肾散寒；主治寒性胃痛、胃胀、呕吐、膈肌痉挛、小儿遗尿。

山鸡椒

Litsea cubeba (Lour.) Pers.

木姜子属 *Litsea* 樟科 Lauraceae

落叶小乔木，高 3 ~ 10 米。小枝绿色，平滑无毛，枝叶揉碎散发浓郁芳香味。叶互生；叶片薄纸质，披针形或长圆状披针形，长 4 ~ 11 厘米；先端渐尖，基部楔形，上面绿色，下面粉绿色，叶柄微带红色。花早春先叶开放，伞形花序单生于枝上部叶腋；花黄白色。果近球形，径 0.40 ~ 0.65 厘米，熟时紫黑色。花期 2—3 月，果期 9—10 月。生于向阳山坡、旷地、疏林内。

根、茎、叶和果实入药；祛风散寒，理气止痛；主治外感头痛、风湿骨痛、外伤瘀痛、四肢麻木、支气管哮喘、心胃气痛。其果实为“荜澄茄”。

天目木姜子

Litsea auriculata S.S. Chien et W.C. Cheng

木姜子属 *Litsea* 樟科 Lauraceae

落叶乔木，高达 25 米。小枝紫褐色，平滑无毛。叶互生；叶片纸质，倒卵形或倒卵状椭圆形，长 8 ~ 23 厘米，宽 5.5 ~ 13.5 厘米；先端钝尖至钝圆，基部耳形，上面深绿色，下面苍白色；叶柄长 3 ~ 11 厘米，无毛。伞形花序具总梗或无总梗；花被片黄色。果卵形至椭圆形，熟时紫黑色；果托杯状；果梗粗壮，长 1.2 ~ 2.2 厘米。花期 3—4 月，果期 9—10 月。生于山坡、沟谷杂木林中。

根、果及叶入药；杀虫，舒经活血；治寸白虫、跌打损伤、伤筋折骨。

檫木

Sassafras tzumu (Hemsl.) Hemsl.

檫木属 *Sassafras* 樟科 Lauraceae

落叶大乔木，高达35米。树皮幼时黄绿色，平滑。叶互生，常集生枝顶，全缘不裂或2 ~ 3裂；叶片卵形或倒卵形，长9 ~ 20厘米，叶背面灰绿色，两面无毛；离基三出脉。总状花序，先叶开花，黄色；花两性。果近球形，熟时蓝黑色；果梗长1.5 ~ 2.0厘米，肉质，与果托均呈鲜红色。花期2—3月，果期7—8月。在山坡、沟谷的常绿落叶阔叶混交林中散生。

树皮、根、叶入药；祛风逐湿，活血散瘀；主治腰肌劳损、腰腿痛、风湿性关节炎、半身不遂。外用时把根、皮或叶捣烂浸酒，可治扭挫伤筋。

及己

Chloranthus serratus **(Thunb.) Roem. et Schult.**

金粟兰属 *Chloranthus* 金粟兰科 Chloranthaceae

多年生草本，高 15 ~ 40 厘米。茎直立，无毛，下部节上对生 2 枚鳞状叶。叶对生，4 ~ 6 片生于茎上部；叶片纸质，通常卵形，长 5 ~ 15 厘米；边缘具锐密锯齿，齿尖有 1 腺体，两面无毛。穗状花序顶生和腋生，单一或 2 ~ 3 分枝，腋生花序比顶生花序纤细；花小，白色，无花被。核果近球形或梨形，绿色。花期 4—5 月，果期 6—8 月。生于向阳山坡林下或山谷溪边林下的阴湿地。

根或全草入药，有毒；舒筋活络，祛风止痛，消肿解毒；主治跌打损伤、风湿腰腿痛、头癣、疔疮肿毒、毒蛇咬伤。

宽叶金粟兰

***Chloranthus henryi* Hemsl.**

金粟兰属 *Chloranthus*　金粟兰科 Chloranthaceae

多年生草本，高40 ~ 65厘米。茎直立，单生或数个丛生。叶对生，通常4片生于茎上部；叶片纸质，宽椭圆形或卵状椭圆形，长 9 ~ 20 厘米，宽 5 ~ 11 厘米；边缘有锯齿，齿端有 1 腺体，下面中、侧脉上被鳞片状毛。花序穗状，顶生和腋生，1 或多条。核果球形。花、果期均为 4—11 月。生于背阴山坡、溪谷林下的灌草丛中。

全草入药，有毒；舒筋活血，消肿止痛，杀虫；主治跌打损伤、痛经，外敷治癞痢头、疔疮、毒蛇咬伤。内服宜慎重。

丝穗金粟兰

Chloranthus fortunei (A. Gray) Solms.

金粟兰属 *Chloranthus*　金粟兰科 Chloranthaceae

多年生草本，高 15 ~ 45 厘米，全体无毛。茎直立，单生或数个丛生。叶对生，通常 4 片生于茎上部；叶片近纸质，宽椭圆形或长椭圆形，长 3 ~ 12 厘米，宽 2 ~ 7 厘米；边缘有圆锯齿或粗锯齿，齿尖有 1 腺体，近基部全缘，嫩叶背面密生细小腺点。穗状花序单一，由茎顶抽出；花白色，有香气；药隔基部合生，伸长成丝状，长 1 ~ 2 厘米。核果球形。花期 4—5 月，果期 6—7 月。生于阴湿的低山坡、溪沟旁林下草丛中。

全草入药，有毒；抗菌，活血散瘀；治跌打损伤、毒蛇咬伤、关节疼痛等。内服宜慎重。

区别特征：宽叶金粟兰叶背脉上有细小的鳞片状毛，丝穗金粟兰穗状花序单一。

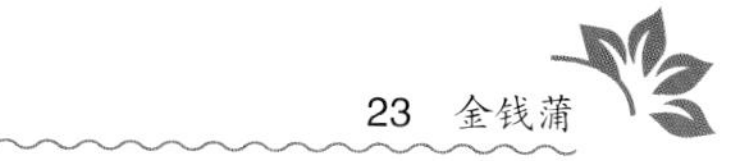

金钱蒲

Acorus gramineus Aiton

菖蒲属 *Acorus*　菖蒲科 Acoraceae

多年生草本。根状茎径 0.3 ~ 0.7 厘米，节间长 0.1 ~ 0.5 厘米。叶鞘两侧的膜质部分宽 0.2 ~ 0.3 厘米；叶片线形，长 10 ~ 30 厘米，宽不达 0.6 厘米；先端长渐尖，无中肋，平行脉多数。总花梗长 2.5 ~ 15.0 厘米；叶状佛焰苞长 3 ~ 9 厘米，通常短于至等长于肉穗花序；肉穗花序圆柱形，长 3 ~ 9 厘米，径 0.3 ~ 0.5 厘米。果黄绿色。花、果期均为 5—8 月。生于溪水旁。

根茎入药；化湿开胃，开窍豁痰，醒神益智；治脘痞不饥、神昏癫痫、健忘耳聋。

天南星

Arisaema heterophyllum Blume

天南星属 *Arisaema* 天南星科 Araceae

多年生草本。块茎近球形，常具侧生小块茎。叶片鸟足状分裂，裂片 7 ~ 19 枚，倒披针形、长圆形；先端渐尖，基部楔形，全缘。总花梗常短于叶柄；佛焰苞喉部不闭合，无横膈膜，戟形，边缘稍外卷，檐部卵形，常下弯成盔状。花期 4—5 月，果期 7—9 月。生于山坡林下、灌丛或草地。

块茎入药，有毒；燥湿化痰，祛风止痉，消肿散结；治中风痰壅、口眼歪斜、半身不遂、惊风、跌打损伤。外用可治蛇虫咬伤。

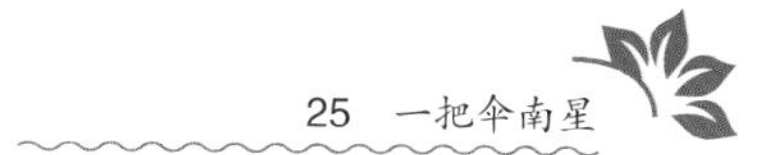

一把伞南星

Arisaema erubescens (Wall.) Schott

天南星属 *Arisaema* 天南星科 Araceae

多年生草本。块茎扁球形，径 2~6 厘米。叶片放射状分裂，裂片 7 ~ 20，披针形、长圆形至椭圆形，长 7 ~ 24 厘米，宽 2.0 ~ 3.5 厘米；先端长渐尖呈丝状，长达 7 厘米；基部狭窄，无柄。总花梗短于叶柄；佛焰苞绿色。浆果红色。花期 5—7 月，果期 8—9 月。生于山坡林下、灌丛、草坡、荒地。

块茎入药，常与天南星混用。

半夏

Pinellia ternata (Thunb.) Makino

半夏属 *Pinellia* 天南星科 Araceae

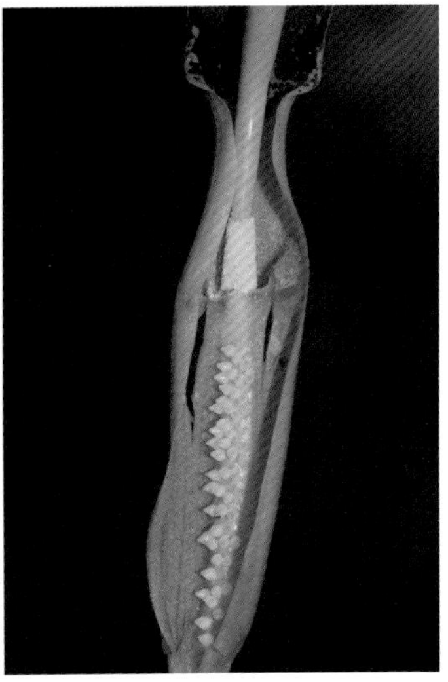

多年生草本。块茎圆球形。叶 2 ~ 5 枚；叶柄长 10 ~ 25 厘米，基部具鞘，鞘内、鞘部以上或叶片基部生有珠芽；幼苗叶片卵心形至戟形，全缘；成株叶片三全裂，裂片长椭圆形或披针形，中裂片长 3 ~ 10 厘米，宽 1 ~ 3 厘米，侧裂片稍短，两端锐尖。总花梗长于叶柄；佛焰苞绿色；附属物绿色至带紫色，长 6 ~ 10 厘米。花期 5—7 月，果期 7—8 月。生于山坡、田边或疏林下。

块茎入药，有毒；燥湿化痰，降逆止呕，消痞散结；治痰多咳喘、痰饮眩悸、风痰眩晕、痰厥头痛、呕吐反胃、胸脘痞闷。

滴水珠

Pinellia cordata **N.E. Brown**

半夏属 *Pinellia*　天南星科 Araceae

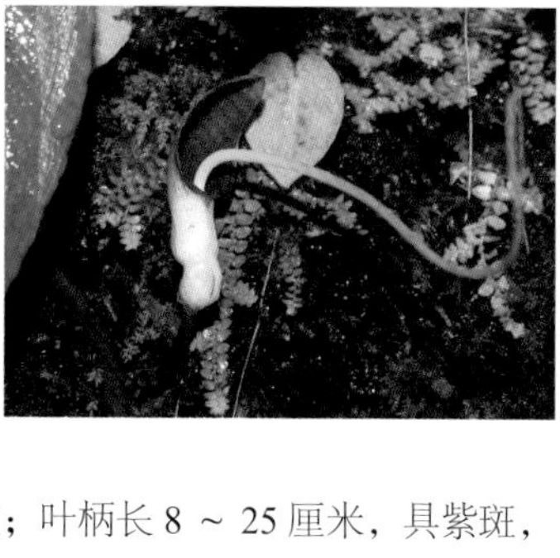

多年生草本。块茎球形、卵球形或长圆形。叶 1 枚；叶柄长 8 ~ 25 厘米，具紫斑，几无鞘，在中部以下生 1 珠芽；叶片长圆状卵形或心状戟形，长 5 ~ 10 厘米，宽 3 ~ 8 厘米，先端长渐尖，基部深心形，全缘。总花梗短于叶柄；佛焰苞绿色、淡黄紫色或青紫色；附属物绿色，长 6 ~ 20 厘米，常弯曲呈"之"字形上升。花期 3—6 月，果期 7—9 月。生于山地溪旁、潮湿地、岩石边、岩隙中或岩壁上。

块茎入药；解毒消肿，散结止痛；治毒蛇咬伤、乳痈、肿毒、深部脓肿、瘰疬、头痛、胃痛、腰痛、跌打损伤。

掌叶半夏

Pinellia pedatisecta Schott

半夏属 *Pinellia* 天南星科 Araceae

多年生草本。块茎近圆球形，四周常生有数个小块茎。叶 1 ~ 3；叶柄长 20 ~ 70 厘米，下部具鞘；叶片鸟足状分裂，裂片 6 ~ 11，披针形、楔形，中裂片长 15 ~ 18 厘米，宽 3 厘米，两侧裂片依次渐小。总花梗长 20 ~ 50 厘米；佛焰苞绿色，管部长圆形，檐部长披针形；肉穗花序雄花部分长 5 ~ 7 厘米，雌花部分长 1.5 ~ 3.0 厘米；附属物长 8 ~ 12 厘米。花期 6—7 月，果期 8—11 月。生于山坡林下、山谷或河谷阴湿处。

块茎入药，有毒；止呕化痰，消肿止痛；捣敷或研末调敷治肿毒、毒蛇咬伤、无名肿毒。

区别特征：天南星的佛焰苞内不具横膈膜，而掌叶半夏具横膈膜。

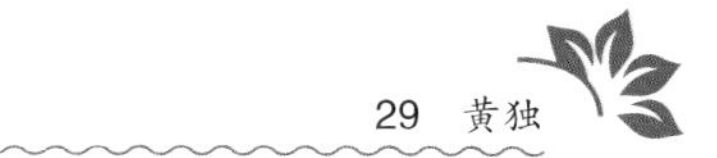

黄独

Dioscorea bulbifera L.

薯蓣属 *Dioscorea*　薯蓣科 Dioscoreaceae

多年生草质缠绕草本。地下茎为块茎，呈陀螺形，径3～7厘米，表面棕黑色，密生须根，味苦。茎左旋，无毛。单叶互生；叶片宽卵状心形，长9～15厘米；先端尾尖，基部心形，边缘全缘，两面无毛；主脉7条，细脉网状；叶腋珠芽球形或椭圆形，外皮紫棕色。花单性，雌雄异株；花被紫红色；雄雌花序穗状。果序直生，果梗反曲。花期7—9月，果期8—10月。生于山坡、沟边疏林林缘。

块茎入药；清热凉血，解毒消瘿；主治吐血、咯血、疮疡肿毒、蛇伤。

薯蓣

Dioscorea polystachya Turcz.

薯蓣属 *Dioscorea*　薯蓣科 Dioscoreaceae

多年生缠绕草本。地下茎为块茎。茎右旋，节处常为紫红色。单叶对生；叶片纸质，三角状心形至长三角状心形，长 4 ~ 7 厘米，宽 2.5 ~ 6.0 厘米；先端渐尖，基部心形，侧裂片方耳形至圆耳形。花单性，雌雄异株；花被淡黄色；雄花序穗状，2 ~ 5 个簇生；雌花序穗状，单生或 2 ~ 3 个簇生。果序下弯，果梗不反曲；蒴果三棱状球形。花期 6—9 月，果期 7—10 月。生于向阳山坡矮灌丛或杂草丛中。

块茎入药；健脾补肺，固肾益精；主治脾虚泄泻、久痢、虚劳咳嗽、消渴、遗精、带下、小便频数。

黄精叶钩吻　金刚大

Croomia japonica Miq.

黄精叶钩吻属 *Croomia*　百部科 Stemonaceae

多年生草本。地下茎横走，多结节，表面土黄色；味苦。茎直立，不分枝。叶互生，3 ~ 6 枚，集中于茎上部；叶片宽卵形至卵状长圆形，长 8 ~ 11 厘米，宽 6 ~ 8 厘米；先端急尖，基部浅心形，略下延，边缘全缘；主脉 7 ~ 9 条，有斜出侧脉。花小，单生或 2 ~ 4 朵排列成总状花序。蒴果宽卵形，长约 1 厘米。花期 4—7 月，果期 7—9 月。生于山谷、沟边灌丛草地或林下阴湿处。

根入药；祛风解毒，化瘀疗伤；治风热隐痨、瘙痒、跌打损伤、瘀血肿痛、毒蛇咬伤。

百部

Stemona japonica (Blume) Miq.

百部属 *Stemona*　百部科 Stemonaceae

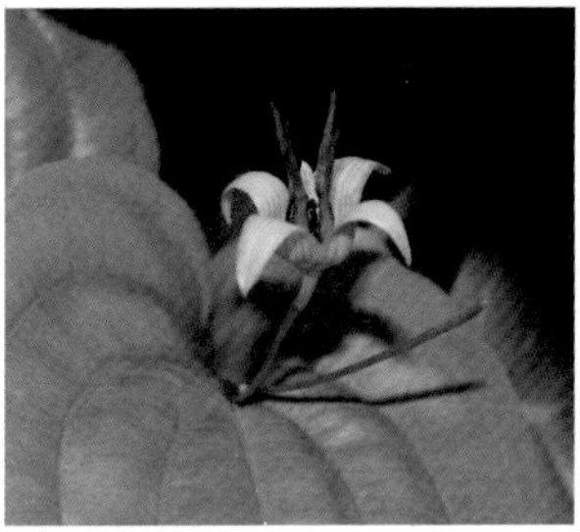

多年生缠绕草本。根状茎粗短；须根簇生，肥大成肉质纺锤状块根。叶常 4 枚轮生；叶片卵形，长 4 ~ 9 厘米；主脉 7 条，基出，无侧脉；叶柄纤细，长 1.5 ~ 2.5 厘米。花单生或数朵排列成总状花序；总花梗大部分贴生在叶片中脉上。蒴果宽卵形，表面暗红棕色。花期 5—6 月，果期 6—7 月。生于山坡灌丛草地或林缘。

块根入药；润肺下气止咳，杀虫灭虱；用于治疗新久咳嗽、肺痨咳嗽、顿咳；外用治疗头虱、体虱、蛲虫病、阴痒。

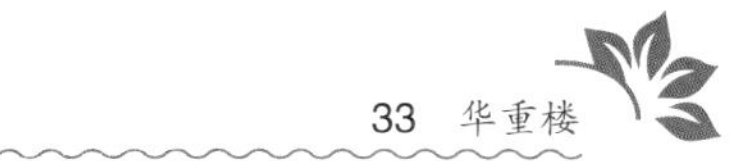

华重楼

Paris polyphylla var. *chinensis* (Franch.) H. Hara

重楼属 *Paris*　藜芦科 Melanthiaceae

多年生草本，高可达1米。根状茎粗壮，密生环节。叶轮生，通常6 ~ 8枚轮生于茎顶；叶片长圆形，长7 ~ 20厘米。花单生茎顶，花被片每轮4 ~ 7枚，外轮花被片叶状、绿色、开展，内轮花被片宽线形，通常远短于外轮花被片，稀近等长。蒴果近圆形，径1.5 ~ 2.5厘米，具棱，暗紫色，室背开裂。花期4—6月，果期7—10月。生于山坡林下阴湿处或沟边草丛中。

根茎入药，有小毒；清热解毒，消肿散瘀；主治毒蛇咬伤、痈疽肿毒、扁桃体炎、腮腺炎。

延龄草

Trillium tschonoskii Maxim.

延龄草属 *Trillium* 藜芦科 Melanthiaceae

多年生草本。根状茎粗短。茎丛生。叶 3 枚轮生于茎顶，无柄；叶片菱状圆形，长宽几相等，径 7 ~ 17 厘米，先端急尖至短尾尖，基部宽楔形。花单生于茎顶；花梗长 1.5 ~ 4.0 厘米；外轮花被片绿色，内轮花被片白色；花柱顶端具 3 分枝。浆果圆球形，成熟时黑紫色。花期 4—6 月，果期 7—8 月。生于山坡林下阴湿处或沟边。

根茎与果实入药，有小毒；镇静安神，活血止血，解毒；主治高血压、神经衰弱、眩晕头痛、腰腿疼痛、月经不调、崩漏、外伤出血、跌打损伤。

牯岭藜芦

Veratrum schindleri O. Loes.

藜芦属 *Veratrum* 藜芦科 Melanthiaceae

多年生草本。鳞茎近圆柱状或卵状圆柱形。茎高 80 ~ 120 厘米。茎下部的叶片通常宽椭圆形或长圆形，长 20 ~ 30 厘米，宽 4 ~ 7 厘米，两面无毛。圆锥花序金字塔形，长 40 ~ 80 厘米，基部分枝长可达 13 厘米；花淡黄绿色、绿白色或淡褐色，雄花和两性花同株或全为两性花；雄蕊长约为花被片的 1/2，子房无毛。花、果期均为 7—9 月。生于山坡林下阴湿处。

根及根茎入药，有毒；涌吐，祛痰，杀虫；主治中风痰壅、喉痹、疟疾、疥癣、恶疮。

菝葜

Smilax china L.

菝葜属 *Smilax* 菝葜科 Smilacaceae

攀援灌木。根状茎粗壮，径 2 ~ 3 厘米，有刺。茎具疏刺。叶片薄革质，卵状圆形，长 3 ~ 10 厘米；先端凸尖至骤尖，基部宽楔形或圆形；具 3 ~ 7 主脉；叶柄长 0.5 ~ 1.5 厘米，具卷须；翅状鞘线状披针形或披针形，长为叶柄的 1/2 ~ 4/5，狭于叶柄，几乎全部与叶柄合生，脱落点位于卷须着生点处。伞形花序，多花；花黄绿色，雄花雄蕊 6；雌花与雄花大小相似，具 6 枚退化雄蕊。浆果，成熟时红色。花期 4—6 月，果期 6—10 月。生于山坡林下或灌丛中。

根茎入药；利湿去浊，祛风除痹，解毒散瘀；主治小便淋浊、带下量多、风湿痹痛、疔疮痈肿等。

牛尾菜

Smilax riparia A. DC.

菝葜属 *Smilax*　菝葜科 Smilacaceae

攀援草本。茎无刺。叶片草质至薄纸质，卵形或长圆形，长 4 ~ 16 厘米，宽 2 ~ 10 厘米；先端凸尖、骤尖，基部浅心形至近圆形，两面无毛，具 5 ~ 7 主脉；叶柄具卷须；翅状鞘极短或线状披针形，长为叶柄的 1/5 ~ 1/2，全部与叶柄合生。伞形花序具多数花；花黄绿色；雄花雄蕊 6；雌花通常无退化雄蕊。浆果成熟时黑色。花期 5—7 月，果期 8—10 月。生于山坡林下、灌丛、路边或沟边草丛中。

根及根茎入药；补气活血，舒经通络；治气虚浮肿、筋骨疼痛、偏瘫、骨结核。

土茯苓

Smilax glabra Roxb.

菝葜属 *Smilax*　菝葜科 Smilacaceae

常绿攀援灌木。根状茎坚硬，块根状，表面黑褐色，有刺。茎圆，光滑无刺。叶片革质，长圆状披针形至披针形，长 5 ~ 15 厘米；先端骤尖至渐尖，基部圆形或楔形；具 3 主脉；叶柄长 0.5 ~ 1.5 厘米，具卷须；翅状鞘狭披针形，长为叶柄的 1/4 ~ 2/3，几乎全部与叶柄合生，脱落点位于叶柄的顶端。伞形花序具多数花；总花梗通常明显短于叶柄；花单性同株，花绿白色。浆果成熟时紫黑色，具白粉。花期 7—8 月，果期 11 月至翌年 4 月。生于山坡林下、林缘或灌丛中。

根茎入药；解毒，除湿，通利关节；主治梅毒及汞中毒所致的杨梅毒疮、肢体拘挛、淋浊带下、湿疹瘙痒、痈肿疮毒。

荞麦叶大百合

Cardiocrinum cathayanum (E.H. Wilson) Stearn

大百合属 *Cardiocrihum*　百合科 Liliaceae

多年生高大草本，高 50 ~ 150 厘米。具鳞茎。叶片卵状心形，长 10 ~ 22 厘米，先端急尖，基部近心形；叶柄长 2 ~ 20 厘米。总状花序有花 3 ~ 5 朵；花大，乳白色，内具紫色条纹；大蒴果，倒梨形。花期 6—7 月，果期 8—10 月。生于山坡林下阴湿处或沟边草丛中。

鳞茎入药；止咳平喘，降逆止呕；主治咳嗽、痰喘、呕吐。

卷丹

Lilium lancifolium Thunb.

百合属 *Lilium*　百合科 Liliaceae

鳞茎扁球形。茎高 80 ~ 150 厘米，带紫色，被白色绵毛。叶互生，叶腋常有珠芽；叶片长圆状披针形至卵状披针形，长 5 ~ 20 厘米，宽 0.5 ~ 2.0 厘米。总状花序有花 3 ~ 10 朵；花橘红色，下垂；花被片披针形，内面散生紫黑色斑点，中部以上反卷。蒴果狭长卵形。花期 7—8 月，果期 9—10 月。生于山坡灌丛、林间草地。

鳞茎入药；养阴润肺，清心安神；治阴虚久咳、痰中带血、虚烦惊悸、失眠多梦、精神恍惚。

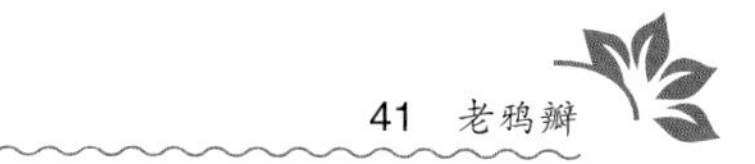

老鸦瓣

Amana edulis (Miq.) Honda

老鸦瓣属 *Amana*　百合科 Liliaceae

多年生草本。鳞茎卵形；鳞茎皮纸质，黑褐色。茎高 10 ~ 25 厘米，细弱。茎下部的 1 对叶片线形，等宽，长 15 ~ 25 厘米，宽通常 0.4 ~ 0.9 厘米；茎上部的叶对生，苞片状。花白色；花被片长圆状披针形，背面有紫红色的纵条纹。蒴果近圆球形，具长喙。花期 3—4 月，果期 4—5 月。生于山坡草地及路边草丛中。

鳞茎入药，含秋水仙碱，有毒；散结，化瘀；主治咽喉肿痛、瘰疬、痈疽、疮肿、产后瘀滞。

油点草

Tricyrtis chinensis Hir. Takah. bis

油点草属 *Tricyrtis* 百合科 Liliaceae

多年生草本。根状茎短，下部节上簇生稍肉质的须根。茎单一，高 40 ~ 100 厘米。叶片卵形至卵状长圆形，长 8 ~ 15 厘米，宽 4 ~ 10 厘米；先端急尖，基部圆心形抱茎，上面散生油迹状斑点。二歧聚伞花序顶生兼腋生，长 12 ~ 25 厘米；花被片绿白色或白色，内面散生紫红色斑点，开放后中部以上向下反折。蒴果长圆形，长 2 ~ 3 厘米。花、果期均为 8—9 月。生于山坡林下或林缘。

根入药；补虚止咳；治肺虚咳嗽。

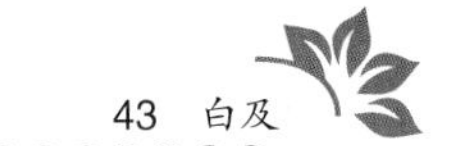

白及

Bletilla striata (Thunb.) Rchb. f.

白及属 *Bletilla*　兰科 Orchidaceae

具假鳞茎。叶 4 ~ 6 枚；叶片狭长圆形或披针形，长 8 ~ 29 厘米，宽 1.5 ~ 4.0 厘米，基部收狭成鞘并抱茎。花序具 3 ~ 10 朵花；花序轴或多或少呈“之”字状曲折；花大，紫红色或粉红色；唇瓣较萼片和花瓣稍短，倒卵状椭圆形，长 2.3 ~ 2.8 厘米，白色带紫红色，具紫色脉。花期 4—5 月，果期 7—9 月。生于沟谷或密林中具覆土的岩石上。

块茎入药；收敛止血，消肿生肌；治内外出血诸症及痈肿、烫伤、手足皲裂、肛裂等。

斑叶兰

Goodyera schlechtendaliana Rchb. f.

斑叶兰属 *Goodyera*　兰科 Orchidaceae

植株高 15 ~ 25 厘米。茎上部直立，下部匍匐伸长成根状茎，基部具叶 4 ~ 6 枚。叶互生；叶片卵形或卵状披针形，长 3 ~ 8 厘米，宽 0.8 ~ 2.5 厘米；上面绿色，具黄白色斑纹，下面淡绿色；先端急尖，基部楔形，基部扩大成鞘状抱茎。总状花序长 8 ~ 20 厘米，疏生花数朵至 20 余朵；花白色或带红色，偏向同一侧。花期 9—10 月。生于山坡林下。

全草入药；清肺止咳，解毒消肿，止痛；治肺痨咳嗽、痰喘、肾气虚弱；外治毒蛇咬伤、骨节疼痛、痈疖疮疡。

台湾独蒜兰

Pleione formosana Hayata

独蒜兰属 *Pleione*　兰科 Orchidaceae

植株高 10 ~ 25 厘米。假鳞茎斜狭卵形，通常紫红色，顶生 1 枚叶。叶和花同时出现；叶片椭圆形至椭圆状披针形，长 5 ~ 25 厘米，宽 1.5 ~ 5.0 厘米；先端渐尖，基部收狭成柄围抱花葶。花葶从假鳞茎顶端长出，上部有时具苞片状叶，顶生花 1 朵；花大，紫红色或粉红色；唇瓣宽阔，长 3.5 ~ 4.0 厘米。花期 4—5 月，果期 7 月。生于沟谷或密林中具覆土的岩石上。

假鳞茎入药；清热解毒，消肿散结；治痈肿疔毒、瘰疬、毒蛇咬伤。

绶草

Spiranthes sinensis (Pers.) Ames

绶草属 *Spiranthes* 兰科 Orchidaceae

多年生矮小草本，植株高 15 ~ 30 厘米。叶 2 ~ 8 枚，近基生；叶片线状倒披针形，长 2 ~ 17 厘米。穗状花序长 4 ~ 20 厘米，具多数呈螺旋状排列的小花；花淡红色、紫红色或白色。生于林下、灌木丛中、路边草地或沟边草丛中。

全草及根入药；滋阴凉血，益气生津；主治咳嗽吐血、扁桃体炎、咽喉肿痛、病后体虚、肾炎、糖尿病、毒蛇咬伤。

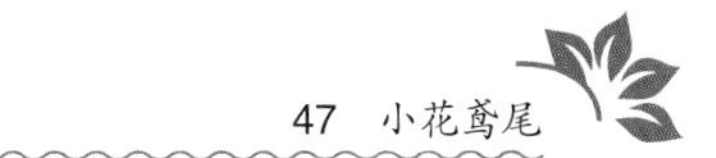

小花鸢尾

Iris speculatrix **Hance**

鸢尾属 *Iris*　鸢尾科 Iridaceae

多年生草本，高 20 ~ 25 厘米。基生叶阔线形，长 15 ~ 45 厘米，宽 0.6 ~ 1.2 厘米。茎生叶 1 ~ 2 枚；苞片 2 ~ 3 枚，草质，狭披针形，内有花 1 ~ 2 朵；花蓝紫色或淡蓝色，径 5.5 ~ 6.0 厘米；外轮花被裂片匙形，有深紫色环形斑纹，中脉上具黄色的鸡冠状附属物。蒴果椭圆形，长 5.0 ~ 5.5 厘米，顶端具细长而尖的喙。花期 5 月，果期 7—8 月。生于路边、山谷、岩隙及林下。

全草入药，有小毒；活血镇痛；主治跌打损伤、散腰挫气。妊娠妇女忌用。

鸢尾

Iris tectorum Maxim.

鸢尾属 *Iris*　鸢尾科 Iridaceae

多年生草本。根状茎粗壮，二歧分枝，斜伸；须根较细短。基生叶，套叠呈 2 列；叶片宽剑形，长 15 ~ 50 厘米，宽 1.5 ~ 3.5 厘米，无明显中脉。花茎光滑，顶端常有 1 ~ 2 个短侧枝；花蓝紫色，径约 10 厘米；外轮花被裂片中脉上有白色带紫纹的鸡冠状附属物；花柱分枝扁平。蒴果长圆形。花期 4—5 月，果期 6—8 月。零星栽培。

根茎入药，有毒；消积，破瘀，行水，解毒；治食滞胀满、肿毒、痔瘘、跌打损伤。

石蒜

Lycoris radiata **(L'Hér.) Herb.**

石蒜属 *Lycoris* 石蒜科 Amaryllidaceae

多年生草本。鳞茎宽椭圆形或近圆球形。叶秋季抽出，至翌年夏季枯死；叶片狭带状，长 14 ～ 30 厘米，宽约 0.5 厘米；先端钝，深绿色，中间有粉绿色带。花时无叶，花茎高约 30 厘米；伞形花序有 4 ～ 7 花；花鲜红色；花被管绿色，强度皱缩并向外卷曲；雄蕊约比花被长 1 倍。花期 8—10 月，果期 10—11 月。生于阴湿山坡、沟边石缝处、林缘及山地路边。

鳞茎入药；解毒，祛痰，利尿，催吐；治咽喉肿痛、水肿、小便不利、痈肿疮毒、瘰疬、咳嗽痰喘、食物中毒。

天门冬

Asparagus cochinchinensis (Lour.) Merr.

天门冬属 *Asparagus* 天门冬科 Asparagaceae

多年生蔓生草本，长可达2米。根状茎粗短，具中部或近末端肉质纺锤状膨大的根。叶退化；叶状枝线形，3～5枚簇生，稍呈镰刀状，扁平，长1～4厘米。主茎基部具长0.25～0.35厘米的硬刺状距。花小，淡绿色，2～3朵簇生于叶腋；单性，雌雄异株。浆果圆球形，成熟时红色。花期5—6月，果期8—9月。生于山坡林下或灌丛草地。

块根入药；滋阴润燥，清肺生津；主治肺燥干咳、慢性支气管炎引起的咳嗽、糖尿病、便秘。

紫萼

Hosta ventricosa (Salisb.) Stearn

玉簪属 *Hosta*　天门冬科 Asparagaceae

多年生草本。根状茎粗短，径0.3 ~ 1.0厘米。叶基生；叶片卵状心形或卵圆形，长6 ~ 18厘米，宽3 ~ 14厘米；先端近短尾状或骤尖，基部心形、圆形或近截形；侧脉7 ~ 11对；叶柄长6 ~ 25厘米。花葶高30 ~ 60厘米；总状花序具10 ~ 30朵花；花淡紫色；雄蕊着生于花被筒的基部。蒴果近圆柱状，具3棱。花、果期均为8—10月。生于山坡林下、林缘或草丛中。

根茎入药；散瘀止痛，解毒；治跌打损伤、胃痛、牙痛、赤目红肿、咽喉肿痛、乳腺炎、中耳炎、疮痛肿毒、烧烫伤、蛇咬伤。

鹿药

Maianthemum japonicum (A. Gray) LaFrankie

舞鹤草属 *Maianthemum* 天门冬科 Asparagaceae

多年生草本。根状茎横生，或多或少结节状或连珠状。茎高 20 ~ 50 厘米。叶 4 ~ 9 枚，有短柄；叶片卵状椭圆形、椭圆形或长圆形，长 6 ~ 15 厘米，宽 2 ~ 5 厘米；先端急尖，基部圆钝，边缘具短睫毛。圆锥花序顶生，长 3 ~ 7 厘米，花白色；浆果，成熟时黄色至红色。花期 5—6 月，果期 8—9 月。生于山坡林下阴湿处。

根茎及根入药；补肾壮阳，活血祛瘀，祛风止痛。主治肾虚阳痿、月经不调、偏正头痛、风湿痹痛、痈肿疮毒、跌打损伤。

多花黄精

Polygonatum cyrtonema Hua

黄精属 *Polygonatum* 天门冬科 Asparagaceae

多年生草本。根状茎连珠状，径 1.0 ~ 2.5 厘米。茎弯拱，高 50 ~ 100 厘米。叶互生；叶片椭圆形至长圆状披针形，长 8 ~ 20 厘米，宽 3 ~ 8 厘米；两面无毛。伞形花序通常具 2 ~ 7 花，下弯；总花梗长 0.7 ~ 1.5 厘米；花绿白色；花柱不伸出花被之外。浆果成熟时黑色。花期 5—6 月，果期 8—10 月。生于山坡林下阴湿处或沟边。

根茎入药，为中药“黄精”的来源之一；补气养阴，健脾，润肺，益肾；治体虚乏力、心悸气短、肺燥干咳、糖尿病。

黄精

Polygonatum sibiricum F. Delaroche

黄精属 *Polygonatum*　天门冬科 Asparagaceae

多年生草本。根状茎结节状。茎近直立，高 50 ~ 100 厘米。叶 4 ~ 6 枚轮生；叶片线状披针形至披针形，长 8 ~ 15 厘米，宽 1 ~ 3 厘米。伞形花序通常具 2 ~ 4 花，下垂；花白色至淡黄色。浆果成熟时黑色。花期 5—6 月，果期 8—9 月。生于山坡林下阴湿处。

根茎入药，为中药“黄精”的来源之一，功效同多花黄精。

玉竹

Polygonatum odoratum (Mill.) Druce

黄精属 *Polygonatum* 天门冬科 Asparagaceae

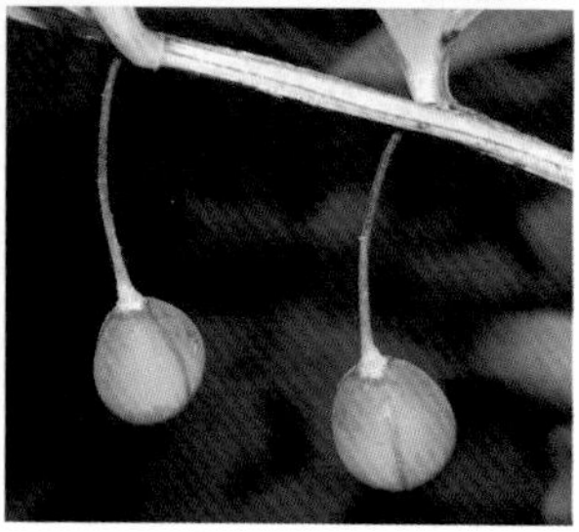

多年生草本。根状茎扁圆柱形，径 0.5 ~ 1.0 厘米。茎直立或稍弯拱，高 20 ~ 50 厘米。叶互生；叶片椭圆形或长圆状椭圆形，长 5 ~ 12 厘米，宽 2 ~ 4 厘米；先端平直，基部楔形或圆钝，下面带灰白色，脉上平滑。伞形花序通常具 2 花；总花梗长 0.7 ~ 1.2 厘米；花白色，近圆筒形。浆果成熟时紫黑色。花期 5—6 月，果期 8—9 月。生于山坡草丛或林下阴湿处。

根茎入药；养阴润燥，除烦止渴；治热病阴伤、咳嗽烦渴、虚劳发热、小便频数、糖尿病。

长梗黄精

Polygonatum filipes Merr. ex C. Jeffrey et McEwan

黄精属 *Polygonatum* 天门冬科 Asparagaceae

多年生草本。根状茎结节状膨大。茎弯拱，高25 ~ 70厘米。叶互生；叶片椭圆形至长圆形，长6 ~ 15厘米，宽2 ~ 7厘米，上面无毛，下面脉上有短毛。伞形花序或伞房花序通常具2 ~ 4花，稀更多，下垂；总花梗细丝状，长2.5 ~ 13.0厘米；花绿白色。浆果成熟时黑色。种子2 ~ 5粒。花期5—6月，果期8—10月。生于山坡林下、林缘或灌丛草地。

根茎入药；健脾益气，滋肾填精，润肺养阴；主治阴虚劳嗽、肺燥干咳、脾虚食少、倦怠乏力、口干消渴、肾亏、腰膝酸软、阳痿遗精、耳鸣目暗、须发早白、体虚羸瘦。

区别特征：多花黄精叶片两面无毛，长梗黄精叶片背面脉上有毛。

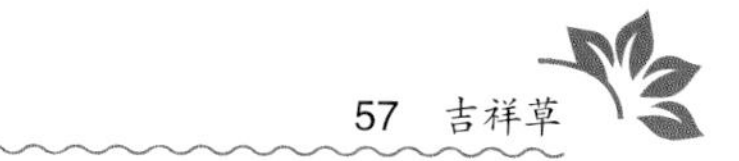

吉祥草

Reineckea carnea (Andrews) Kunth

吉祥草属 *Reineckea*　天门冬科 Asparagaceae

多年生常绿草本。根状茎细长，横生在浅土中或露出地面呈匍匐状，每隔一定距离向上发出叶簇。叶每簇 3 ~ 8 枚；叶片线状披针形，长 10 ~ 45 厘米。花葶侧生，从下部叶腋抽出，远短于叶簇；穗状花序长 2 ~ 8 厘米；花淡红色或淡紫色，芳香。浆果圆球形，径 0.5 ~ 0.8 厘米，成熟时红色或紫红色。花、果期均为 10—11 月。生于山坡林下阴湿处或水沟边。

全草入药；润肺止咳，补肾接骨；主治肺痨咳嗽、吐血、哮喘、慢性肾盂肾炎、遗精、骨折。

鸭跖草

Commelina communis L.

鸭跖草属 *Commelina*　鸭跖草科 Commelinaceae

一年生草本。茎下部匍匐，上部直立，高可达 50 厘米。叶互生；叶片卵形至披针形，长 3 ~ 10 厘米，无柄或几无柄；叶鞘闭合抱茎。聚伞花序生于枝顶，总苞片佛焰苞状，折叠；萼片白色，狭卵形；花瓣卵形，后方 2 枚蓝色，前方 1 枚白色；发育雄蕊 2 ~ 3，退化雄蕊 3 ~ 4。蒴果椭圆形。花期 7—9 月。生于路边或山坡沟边潮湿处。

全草入药；清热解毒，利水消肿，泻火；主治脚气水肿、肾炎水肿、尿路感染和结石、外感发热、扁桃体炎、腮腺炎、咽喉炎、疔疮疖肿、毒蛇咬伤。

杜若

Pollia japonica **Thunb.**

杜若属 *Pollia*　鸭跖草科 Commelinaceae

多年生草本。茎直立，单一，高 30 ~ 90 厘米。叶片椭圆形或长圆形，长 20 ~ 30 厘米，宽 3 ~ 6 厘米；先端渐尖，基部渐狭呈柄状，两面微粗糙。圆锥花序伸长，由疏离轮生的聚伞花序组成；花具短梗；萼片白色，宿存；花瓣白色，稍带淡红色，倒卵状匙形，长于萼片。果为浆果状，圆球形或卵形，成熟时蓝色。花期 6—7 月，果期 8—10 月。生于山坡林下或沟边潮湿处。

根、全草入药；理气止痛，疏风消肿；治胸胁气痛、胃痛、腰痛、头肿痛、流泪；外用治毒蛇咬伤。

蘘荷

Zingiber mioga (Thunb.) Rosc.

姜属 *Zingiber* 姜科 Zingiberaceae

多年生草本。根状茎不明显，根末端膨大呈块状。茎高 40 ~ 100 厘米。叶片披针形或披针状椭圆形，长 16 ~ 35 厘米，宽 3 ~ 6 厘米，两面无毛。穗状花序椭圆形；苞片椭圆形，带红色，具紫色脉纹；花冠筒较萼为长，裂片披针形，淡黄色。蒴果倒卵形，熟时三瓣裂，内果皮鲜红色。花期 7—8 月，果期 9—11 月。生于低山竹林下、阴湿山地或溪沟边。

根茎入药；活血调经，镇咳祛痰，消肿解毒；治妇女月经不调、老年咳嗽、疮肿、瘰疬、目赤、喉痹。

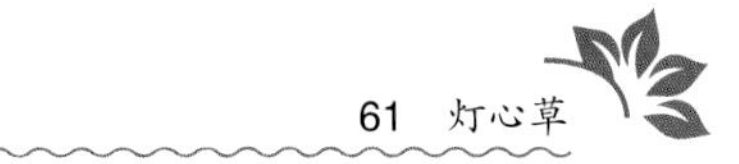

灯心草

Juncus effusus L.

灯心草属 *Juncus*　灯心草科 Juncaceae

多年生草本。根状茎横走。茎簇生，圆柱形，高 40 ~ 100 厘米，径 0.15 ~ 0.40 厘米，有多数细纵棱。叶基生或近基生；叶片大多退化殆尽；叶鞘中部以下紫褐色至黑褐色；叶耳缺。复聚伞花序假侧生，通常较密集；总苞片似茎的延伸，直立，长 5 ~ 20 厘米；雄蕊 3；子房 3 室。蒴果三棱状椭圆形。花期 3—4 月，果期 4—7 月。生于沟边、田边及路边潮湿处。

茎髓入药；消心火，利小便；治心烦失眠、尿少涩痛、口舌生疮。

香附子

Cyperus rotundus L.

莎草属 *Cyperus*　莎草科 Cyperaceae

多年生草本。根状茎长，匍匐，具椭圆形块茎。秆高 10 ~ 60 厘米，锐三棱形。叶基生，排成 3 列，线形。苞片 2 ~ 4，叶状，通常长于花序；聚伞花序，具 3 ~ 8 个不等长辐射枝；穗状花序有 3 ~ 10 小穗；小穗压扁，具花 10 ~ 36 朵。花、果期均为 5—10 月。生于山坡、路边草丛中或水边潮湿地。

根茎入药；理气止痛，调经解郁；主治神经性胃痛、腹胀、胸膈满闷、月经不调、痛经。

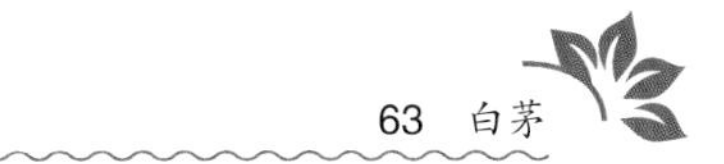

白茅

Imperata cylindrica (L.) Raeusch.

白茅属 *Imperata*　禾本科 Poaceae

多年生草本。根茎密生鳞片。秆丛生，直立，高 25 ~ 80 厘米，具 2 ~ 3 节，节上具长 0.4 ~ 1.0 厘米的柔毛。叶鞘无毛，老时在基部常破碎呈纤维状；叶舌干膜质，长约 0.1 厘米；叶片扁平，长 5 ~ 60 厘米，先端渐尖，基部渐狭。圆锥花序圆柱状，长 5 ~ 24 厘米。花、果期均为 5—9 月。生于山坡、路旁及旷野荒草丛中。

根茎、花入药。根茎名为白茅根，凉血止血，清热利尿；主治血热、吐血、衄血、尿血、尿路感染、肾炎水肿、口舌生疮。花序可用于止血。

淡竹叶

Lophatherum gracile Brongn.

淡竹叶属 *Lophatherum*　禾本科 Poaceae

多年生草本。须根稀疏，中部可膨大呈纺锤形。秆直立，高 40 ~ 100 厘米。叶片披针形，长 5 ~ 20 厘米，宽 2 ~ 3 厘米；基部浑圆，有明显小横脉。圆锥花序长 10 ~ 40 厘米；小穗在花序分枝上排列疏散。花药长约 0.2 厘米。花、果期均为 6—10 月。生于山坡、路旁树荫下或荫蔽处。

茎叶入药；清热泻火，利尿通淋，除烦止渴；主治热病烦渴、小便短赤涩痛、口舌生疮。

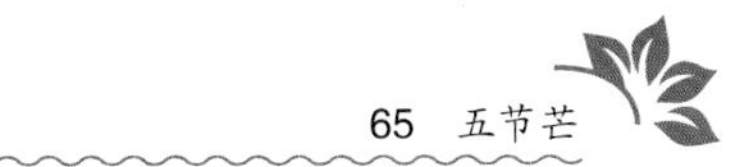

五节芒

Miscanthus floridulus **(Labill.) Warb. ex K. Schum. et Lauterb.**

芒属 *Miscanthus*　禾本科 Poaceae

多年生草本。秆高 1 ~ 4 米，无毛，节下常具白粉。圆锥花序长 30 ~ 50 厘米，主轴显著延伸几达花序顶端，或至少长达花序的 2/3 以上；总状花序细弱；小穗卵状披针形。花、果期均为 5—11 月。生于山坡、溪边、路旁草丛中。

根茎部叶鞘内常有虫瘿，称芭茅果；解表透疹，行气调经；治小儿疹出不透、小儿疝气、月经不调。

荷青花

Hylomecon japonica (Thunb.) Prantl et Kundig

荷青花属 *Hylomecon* 罂粟科 Papaveraceae

多年生草本，高 15 ~ 30 厘米；含黄色汁液。茎单一。叶为羽状全裂；裂片菱状长圆形，长 2.5 ~ 10.0 厘米，宽 1.2 ~ 4.0 厘米，边缘具不整齐重锯齿；茎生叶 2 ~ 4 枚，生于茎中上部，与基生叶相似。聚伞花序或 1 ~ 2 朵顶生；花瓣金黄色，4 枚；雄蕊多数，心皮 2 枚，柱头 2 裂。蒴果细长。花期 4—5 月，果期 5—6 月。生于山坡林下阴湿处。

根入药；祛风湿，舒经活络，散瘀消肿，止痛止血；治风湿性关节炎、劳伤过度、跌打损伤。

黄堇

Corydalis pallida (Thunb.) Pers.

紫堇属 *Corydalis* 罂粟科 Papaveraceae

二年生草本，高 15 ~ 50 厘米。茎簇生，1 ~ 5 条。叶基生与茎生，具长柄；叶二至三回羽状全裂。总状花序顶生或侧生，有花约 20 朵；花瓣淡黄色。蒴果念珠状。花期 3—4 月，果期 4—6 月。生于山坡林间、林缘、石砾缝间或沟边阴湿处。

全草入药；清热利湿，止痢，止血；治疥癣、疮毒肿痛、目赤、流火、暑热泻痢、肺病咯血、小儿惊风、毒蛇咬伤。

小花黄堇

Corydalis racemosa **(Thunb.) Pers.**

紫堇属 *Corydalis* 罂粟科 Papaveraceae

一年生草本，高 9 ~ 50 厘米。茎有分枝。叶基生与茎生，基生叶具长柄；叶片三角形，长 3.0 ~ 12.5 厘米，二或三回羽状全裂。总状花序长 3 ~ 7 厘米，具花 3 ~ 12 朵；苞片狭披针形或钻形；花梗长 1.5 ~ 2.5 毫米；花瓣淡黄色。蒴果线形，长 2.0 ~ 3.5 厘米。花期 3—4 月，果期 4—5 月。生于路边或溪边阴湿林下。

全草入药；清热解毒，利尿消肿，清肺止咳；治疮毒肿痛、目赤、暑热泻痢、肺病咯血、小儿惊风。

博落回

Macleaya cordata (Willd.) R. Br.

博落回属 *Macleaya* 罂粟科 Papaveraceae

多年生大型草本，高达 2.5 米；含橙红色汁液。茎直立，光滑，被白粉。单叶互生；叶片宽卵形或近圆形，长 5 ~ 30 厘米，宽 5 ~ 25 厘米，7 ~ 9 浅裂，边缘波状或具波状牙齿，下面被白粉和灰白色细毛。圆锥花序，长 14 ~ 30 厘米，具多数小花；花两性，萼片 2 枚，黄白色。蒴果倒披针形或倒卵形，外被白粉。花期 6—8 月，果期 10 月。生于低山草坡、石砾坡、丘陵及山麓。

全草入药，有毒；散瘀消肿，祛风解毒，杀虫止痒；治跌打损伤、风湿关节痛、甲状腺肿、痈肿溃疡、皮肤瘙痒、稻田性皮炎、钩虫性皮炎和毒虫咬伤。不可内服。

大血藤

Sargentodoxa cuneata (Oliv.) Rehder et E.H. Wilson

大血藤属 *Sargentodoxa* 木通科 Lardizabalaceae

攀援木质大藤本，长达 10 米。茎砍断时有红色汁液流出。叶互生，三出复叶；中央小叶长椭圆形或菱状倒卵形，长 5 ~ 12 厘米，先端钝或急尖，基部楔形；小叶柄长 0.5 ~ 1.8 厘米，侧生小叶较大，基部两侧不对称，无小叶柄。雄花序长 8 ~ 15 厘米，下垂，萼片黄色。聚合果球形，径 3.0 ~ 4.5 厘米；小浆果球形，成熟时紫黑色或蓝黑色，被白粉。花期 5 月，果期 9—10 月。生于山坡或山沟疏林中。

茎入药；清热解毒，活血，祛风止痛；用于治疗肠痈腹痛、热毒疮疡、跌打损伤、经闭痛经、风湿痹痛。

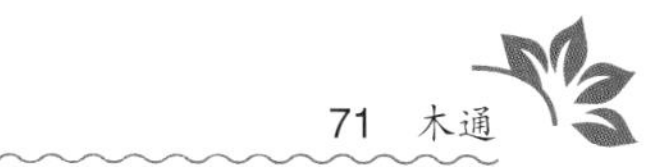

木通

Akebia quinata (Thunb.) Decne.

木通属 *Akebia*　木通科 Lardizabalaceae

落叶藤本，长 3 ~ 15 米。叶互生，掌状复叶，小叶 5 枚；叶片，倒卵形或椭圆形，长 2 ~ 6 厘米，先端微凹，凹处有中脉延伸的小尖头，全缘。总状花序，长 4.5 ~ 10.0 厘米，雄花紫红色，较小；雌花暗紫色。肉质蓇葖果浆果状，椭圆形，长 6 ~ 8 厘米，成熟时暗紫色，沿腹缝开裂，露出白瓤和黑色种子。花期 4 月，果期 8 月。生于山坡路旁、溪边疏林中。

藤茎及果实入药。藤茎为木通，清心火，利小便，痛经下乳；果实为预知子，疏肝理气，活血止痛，散结，利尿；用于治疗脘腹胀痛、痛经经闭、痰核痞块、小便不利。

三叶木通

Akebia trifoliata (Thunb.) Koidz.

木通属 *Akebia* 木通科 Lardizabalaceae

落叶藤本。掌状复叶，小叶3片；叶片卵形或宽卵形，长4 ~ 7厘米，宽2.0 ~ 4.5厘米，小叶先端钝圆或有凹缺，有小尖头，小叶边缘明显浅波状，中央小叶通常较大。总状花序，长6.0 ~ 12.5厘米，萼片近圆形，淡紫色。果椭圆形，成熟时淡红色，粗糙，沿腹缝开裂。花期5月，果期9月。生于山坡疏林中。

功效与木通基本相同。

鹰爪枫

Holboellia coriacea Diels

八月瓜属 *Holboellia* 木通科 Lardizabalaceae

常绿木质藤本。掌状复叶，有小叶3片；小叶厚革质，椭圆形或卵状椭圆形，长4 ~ 13厘米，宽2 ~ 5厘米，先端渐尖，基部圆形或宽楔形，全缘；中央小叶柄长2.0 ~ 3.5厘米，侧生小叶柄长约1厘米，具关节。雌雄同株，花序伞房状，花梗长约2厘米。雄花白绿色；萼片长圆形，内轮的较狭。雌花萼片紫色；心皮3离生，卵状棒形。果长圆状柱形，熟时紫色。花期4—5月，果期6—8月。生于林内或路旁杂灌木丛中。

根入药；祛风除湿，活血通络；治风湿痹痛、跌打损伤。

木防己

Cocculus orbiculatus (L.) DC.

木防己属 *Cocculus* 防己科 Menispermaceae

缠绕性落叶藤本。根圆柱形，粗而长，质坚硬。茎木质化，纤细而韧，有条纹。叶互生；叶片纸质，宽卵形，有时 3 浅裂，长 3 ~ 14 厘米，先端急尖，圆钝状或微凹，基部略为心形，全缘。聚伞状圆锥花序，花小型，黄绿色；雄花萼片 6 枚，花瓣 6 枚，雄蕊 6 枚，与花瓣对生；雌花，萼片和花瓣与雄花相似，有退化雄蕊 6 枚；心皮 6 离生。核果近球形，蓝黑色。花期 5—6 月，果期 7—9 月。生于丘陵、路旁，缠绕于灌木上或草丛中。

根入药；祛风止痛，利尿消肿。用于治疗风湿痹痛、急性肾炎、高血压水肿。

粉防己 石蟾蜍

Stephania tetrandra S. Moore

千金藤属 *Stephania* 防己科 Menispermaceae

多年生缠绕藤本。块根粗大，圆柱形。叶互生；叶片三角状广卵形，长 4 ～ 9 厘米，宽 5 ～ 9 厘米，全缘，两面均被短柔毛，下面较密；叶柄盾状着生。头状聚伞花序，再排列成总状花序状；花小，黄绿色；雄花：萼片常 4 枚，花瓣 4 枚，雄蕊 4 枚，合生；雌花萼片、花瓣与雄花的同数，无退化雄蕊，花柱 3。核果球形，成熟后红色。花期 5—6 月，果期 7—9 月。生于山坡、丘陵草丛或灌木丛边缘。

根入药；利水消肿，祛风止痛；用于治疗水肿脚气、小便不利、湿疹疮毒、风湿痹痛、高血压。

金线吊乌龟

Stephania cephalantha Hayata

千金藤属 *Stephania* 防己科 Menispermaceae

多年生缠绕性藤本，全株光滑无毛。块根椭圆形，粗壮。叶片纸质，三角状卵圆形，长 5 ~ 9 厘米，宽长近等或略宽，全缘或微波状，均无毛，掌状脉 5 ~ 9 枚，叶柄盾状着生。雄花序为头状聚伞花序，着花 18 ~ 20 朵，再组成总状花序式排列，腋生；花小，淡绿色；雌花萼瓣 3 ~ 5 枚，子房上位，卵圆形，柱头 3 ~ 5 裂。核果球形，成熟时紫红色。花期 6—7 月，果期 8—9 月。生于阴湿山坡、林缘、路旁或溪边等处。

块根入药；清热解毒，消肿止痛；主治风湿疼痛、腰肌劳损、肾炎水肿、胃痛；鲜品捣烂外敷可治无名肿毒、毒蛇咬伤。

千金藤

***Stephania japonica* (Thunb.) Miers**

千金藤属 *Stephania*　防己科 Menispermaceae

多年生木质缠绕藤本，全体无毛。块茎粗长，不肥厚。叶片草质或近纸质，宽卵形至卵形，长 4 ~ 8 厘米，宽 3.0 ~ 7.5 厘米，全缘，上面深绿色，下面粉白色，掌状脉 7 ~ 9，叶柄盾状着生。聚伞花序排列成伞形，腋生。核果近球形，径约 0.6 厘米，熟时红色。花期 5—6 月，果期 8—9 月。生于山坡溪畔、路旁矮林缘或草丛中。

根、茎、叶入药；清热解毒，利尿消肿，祛风活络；治疟疾、痢疾、风湿痹痛、水肿、咽喉肿痛、痈肿、疮疖、毒蛇咬伤。

千金藤小聚伞花序再组成伞形状，叶片常长大于宽，根不肥厚；粉防己和金线吊乌龟聚伞花序再排成总状，叶片长宽近等，块根肥厚。粉防己叶片两面伏生短毛，与金线吊乌龟两面无毛相区别。

蝙蝠葛

Menispermum dauricum DC.

蝙蝠葛属 *Menispermum*　防己科 Menispermaceae

多年生落叶木质缠绕藤本。小枝带绿色。叶互生；叶片圆肾形，长、宽均为 6 ~ 11 厘米，先端尖或渐尖，基部浅心形，3 ~ 7 浅裂或全缘，掌状脉 5 ~ 7，叶柄盾状着生。花序圆锥状，腋生，雄花萼片约 6 枚，花瓣 6 ~ 8 枚，雄蕊 12 枚或更多；雌花花萼、花冠与雄花相似，心皮 3 分离。果实核果状，成熟时黑紫色。花期 5 月，果期 10 月。生于山坡沟谷两旁灌木丛中 。

根茎入药，名为北豆根，有小毒；清热解毒，祛风止痛；用于治疗咽喉肿痛、热毒泻痢、风湿痹痛。

安徽小檗

Berberis anhweiensis **Ahrendt**

小檗属 *Berberis*　小檗科 Berberidaceae

落叶小灌木，高 1 ~ 2 米。幼枝有棱，老枝断面黄色，尝之味苦。叶纸质，叶腋内有针刺。叶片近圆形或宽椭圆形，长 2 ~ 6 厘米，先端钝圆，基部楔形下延，边缘有刺齿 15 ~ 25；叶背面苍绿色，稍被白粉；两面无毛，网脉明显。总状花序；花黄色，花瓣短于内轮萼片，腺体橘黄色。浆果熟时红色。花期 4—7 月，果期 9—10 月。生于山坡灌木丛中。

树枝、树皮入药；消热燥湿，利尿杀虫；主治肠炎、菌痢及疮疖感染。

红毛七

Caulophyllum robustum Maxim

红毛七属 *Caulophyllum* 小檗科 Berberidaceae

多年生草本，植株高达 80 厘米。根状茎粗短。叶互生，二至三回三出羽状深裂；裂片卵形，或卵状长圆形，长 4 ~ 8 厘米，宽 1.5 ~ 5.0 厘米，先端渐尖，基部宽楔形，全缘，有时 2 ~ 3 裂，两面无毛。圆锥花序顶生；花淡黄色，径 7 ~ 8 毫米；萼片 6，倒卵形，花瓣状；花瓣 6 枚，蜜腺状；雄蕊 6；雌蕊子房 1 室，具 2 枚基生胚珠。种子熟后蓝黑色，外被肉质假种皮。花期 5—6 月，果期 7—9 月。生于林下、山沟阴湿处。

根及根茎入药；活血散瘀，祛风止痛，清热解毒，降压止血；主治月经不调、产后瘀血、跌打损伤、关节炎、扁桃腺炎、高血压、外痔等。

六角莲

Dysosma pleiantha (Hance) Woodson

鬼臼属 *Dysosma* 小檗科 Berberidaceae

多年生草本。地下根状茎粗壮，呈圆形结节。地上茎直立，高 10 ~ 30 厘米，无毛。茎生叶常 2 片，对生，盾状，长圆形或近圆形，长 16 ~ 33 厘米，宽 12 ~ 25 厘米，5 ~ 9 浅裂。花 5 ~ 8 朵，排成伞形花序状，生于两茎生叶叶柄交叉处；花紫红色，下垂；萼片 6，花瓣。浆果近球形至卵圆形。花期 4—6 月，果期 7—9 月。生于山坡、沟谷杂木林下湿润处或阴湿溪谷草丛中。

根状茎入药；散瘀解毒；治跌打损伤、关节酸痛、骨髓炎、毒蛇咬伤等。根状茎及根含有鬼臼素，可用于合成抗癌药。

三枝九叶草　箭叶淫羊藿

Epimedium sagittatum **(Siebold et Zucc.) Maxim.**

淫羊藿属 *Epimedium*　小檗科 Berberidaceae

多年生草本。根状茎粗短、结节状。地上茎直立，高 25 ~ 50 厘米。茎生叶 1 ~ 3 枚，三出复叶；顶小叶片卵状披针形，长 4 ~ 20 厘米，宽 3.0 ~ 8.5 厘米，基部心形，侧生小叶片箭形，基部呈不对称心形浅裂。圆锥花序顶生，多花，挺立，长 7.5 ~ 10.0 厘米。花两性，白色。蓇葖果卵圆形，顶端喙状。花期 2—3 月，果期 3—5 月。生于山坡林下草灌丛中。

全草入药；补肝肾，强筋骨，助阳益精，祛风湿；治阳痿、腰膝酸软、风寒湿痹、四肢麻木等。

阔叶十大功劳

Mahonia bealei (Fort.) Carr.

十大功劳属 *Mahonia* 小檗科 Berberidaceae

常绿灌木，高 1 ~ 2 米。一回奇数羽状复叶，长 25 ~ 40 厘米，小叶 7 ~ 19 枚；叶片，厚革质，卵形，侧生小叶大小不等，自基部向上渐次增大，叶缘每边具 2 ~ 8 个刺状锯齿，边缘反卷。总状花序 6 ~ 9 簇生，直立于小枝顶端；花黄色。浆果卵形，熟时蓝黑色，薄被白粉。花期 11 月至翌年 3 月，果期 4—8 月。生于山坡林下阴凉湿润处。

茎和叶入药。叶称为功劳叶，滋阴清热，止咳化痰；用于治疗肺痨潮热、口干津少、咳嗽、支气管炎。茎称为功劳木，清热燥湿，泻火解毒；用于治疗湿热、泻痢、黄疸、疮疖、痢疾。

南天竹

Nandina domestica Thunb.

南天竹属 *Nandina*　小檗科 Berberidaceae

常绿灌木。茎高 1 ~ 3 米，光滑无毛。三回奇数羽状复叶，长 30 ~ 50 厘米；小叶革质，叶片椭圆状披针形，长 2 ~ 8 厘米，全缘，两面无毛；叶柄基部常呈褐色鞘状抱茎。圆锥花序长 20 厘米以上，花白色；雄蕊 6 枚，花瓣状，花药黄色。浆果球形，具宿存花柱，熟时红色至紫红色。花期 5—7 月，果期 8—11 月。生于山坡、谷地灌丛中。

根、茎、叶、果均可药用。根可祛风化痰，清热除湿；治风热头痛、肺热咳嗽、湿热黄疸、风湿痹痛、火眼。茎可止咳平喘，治风热咳喘。叶可清热解毒，止咳止血，散结消肿；治感冒、百日咳、目赤肿痛、血尿、小儿疳积。果可敛肺止咳，清肝明目；治久咳、喘息、百日咳。

猫爪草

Ranunculus ternatus Thunb.

毛茛属 *Ranunculus*　毛茛科 Ranunculaceae

一年生草本。须根肉质膨大呈卵球形或纺锤形。茎直立，细弱，高 5 ~ 17 厘米，多分枝，几无毛。基生叶为三出复叶或单叶；叶片宽卵形至圆肾形，长 0.5 ~ 3.5 厘米，宽 0.4 ~ 2.6 厘米；茎生叶无柄，较小，全裂或细裂。花单生茎顶或分枝顶端；花瓣 5 ~ 7 枚或更多，黄色或变白色。聚合果近球形。花期 3—4 月，果期 4—7 月。生于山坡、路旁湿地或水田边，潮湿草丛中。

块根入药；清热解毒，消瘀散结；用于治疗瘰疬痰核、疔疮肿毒、蛇虫咬伤。

毛茛

Ranunculus japonicus Thunb.

毛茛属 *Ranunculus* 毛茛科 Ranunculaceae

一年生草本，高 30 ~ 60 厘米。根壮茎短。茎直立，被开展或贴伏的柔毛。基生叶为单叶；叶片三角状肾圆形，长达 6 厘米，基部心形或截形，掌状 3 深裂不达基部，边缘疏生锯齿；茎下部叶与基生叶相似，渐向上叶柄变短，叶片变小，乃至最上部叶变线形，全缘，无柄。聚伞花序，花疏散；花瓣 5 枚，黄色，倒卵状圆形。聚合果近球形；瘦果扁平。花期 4—6 月，果期 6—8 月。生于路边、田边、沟边及向阳的山坡草丛中。

全草及根入药，有毒；退黄，镇痛，消翳；多外用，治黄疸、偏头痛、胃痛、风湿关节痛、痈肿、疮癣、恶疮、牙痛、火眼。

石龙芮

Ranunculus sceleratus L.

毛茛属 *Ranunculus* 毛茛科 Ranunculaceae

一年生草本。茎直立，高 15 ~ 45 厘米，无毛。基生叶和下部叶的叶片肾状圆形至宽卵形，长 1 ~ 3 厘米，宽 1.0 ~ 3.5 厘米，基部略心形，3 枚深裂，裂片倒卵状楔形，具粗圆齿裂 2 ~ 3 枚，无毛。聚伞花序有多数花；花小；萼片 5 枚，船形；花瓣 5 枚，倒卵形；花托在果期伸长增大呈圆柱形。聚合果长圆形。花期 3—5 月，果期 5—7 月。生于地边、沟边湿地中。

全草入药，有毒；消肿，拔毒散结，截疟；用于治疗淋巴结核、疟疾、痈肿、蛇咬伤、慢性下肢溃疡。不可内服。

大叶唐松草

Thalictrum faberi Ulbr.

唐松草属 *Thalictrum* 毛茛科 Ranunculaceae

多年生草本，全体无毛。根茎短，下部密生棕黄色细长须根。茎高 35 ~ 110 厘米，具分枝。叶为二至三回三出复叶，具长柄、小叶片大，坚纸质；顶生小叶片宽卵形，长 3 ~ 10 厘米，3 浅裂，边缘每侧有 5 ~ 10 个粗尖齿。花序圆锥状；萼片白色或淡蓝色，早落；花药长圆形。瘦果狭卵形。花期 7—9 月，果期 10—11 月。生于山坡林下、较湿润的溪谷疏林及阴湿草丛中。

根与根茎入药；行气止痛，解毒消肿，清凉明目；治痢疾、腹痛、淋巴结核、淋巴结炎、急性结膜炎。

华东唐松草

Thalictrum fortunei S. Moore

唐松草属 *Thalictrum*　毛茛科 Ranunculaceae

多年生草本，全体无毛。茎高 20 ~ 60 厘米，自下部或中部分枝。叶为二至三回三出复叶；小叶片草质，下面粉绿色，顶生小叶片近圆形，径 1 ~ 2 厘米，先端圆形，基部圆形或浅心形，不明显 3 浅裂，边缘具浅圆齿，侧生小叶片斜心形。单歧聚伞花序，萼片 4 枚，白色或淡紫蓝色；心皮 3 ~ 6 离生。花期 3—5 月，果期 5—7 月。生于山坡、林下阴湿处。

全草入药；解毒消肿，明目止泻；治急性结膜炎、痢疾、黄疸及蛔虫病等。

鹅掌草

Anemone flaccida F. Schmidt

银莲花属 *Anemone* 毛茛科 Ranunculaceae

多年生草本。根状茎斜生，近圆柱形，暗褐色，节间缩短，茎高 15 ~ 40 厘米。基生叶 1 ~ 2 枚，具长叶柄；叶片薄草质，五角形，长 2.8 ~ 7.5 厘米，宽 5 ~ 14 厘米，基部深心形，3 全裂。聚伞花序有花 2 ~ 3 朵；苞片 2 枚，萼片 5 枚，白色，微带粉红色，倒卵形或椭圆形；雄蕊多数，长为萼片之半；心皮 8 离生。瘦果卵形。花期 4—5 月，果期 7—8 月。生于山地林缘、路旁、沟边草丛中。

根状茎入药；祛风湿，壮筋骨；治跌打损伤、风湿痹痛。

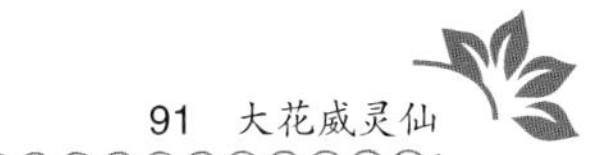

大花威灵仙

Clematis courtoisii Hand.-Mazz.

铁线莲属 *Clematis* 毛茛科 Ranunculaceae

攀援木质藤本。叶为三出复叶至二回三出复叶；小叶片薄纸质，长圆形，长 4 ~ 8 厘米，宽 2 ~ 4 厘米，先端渐尖，基部阔楔形，全缘，有时 2 ~ 3 裂，有时有缺刻状锯齿。聚伞花序 1 花，腋生，花序梗和花梗长 12 ~ 20 厘米，花大，径 5.0 ~ 10. 5 厘米；萼片 6 枚，白色。瘦果倒卵形。花期 5—6 月，果期 7—8 月。生于山坡、山谷、溪边、路旁的杂木林中，攀援于树上。

根和茎藤入药；清热利湿，理气通便，解毒；主治小便不利、腹胀、大便秘结、风火牙痛、目生星翳、蛇虫咬伤。

女萎

Clematis apiifolia DC.

铁线莲属 *Clematis* 毛茛科 Ranunculaceae

木质藤本。茎、小枝、花序梗和花梗密生贴伏短柔毛。叶为三出复叶；小叶片卵形至宽卵形，长 2.5 ~ 8.0 厘米，常有不明显 3 浅裂，边缘具缺刻状粗齿或牙齿。圆锥状聚伞花序，多花，花序较叶短，萼片 4 枚，开展，白色；无花瓣。瘦果纺锤形或狭卵形，宿存花柱长约 1.5 厘米。花期 7—9 月，果期 9—11 月。生于向阳山坡、路旁、溪边灌丛或林缘。

根、藤茎或全株入药。茎清热利水，活血通乳；主治湿热癃闭、水肿、淋症，以及妇女血气不和、少乳、经闭。叶消食利尿，通经活络；主治筋骨痛。鲜根外敷患处可治风火牙痛。

山木通

Clematis finetiana H. Lév. et Vaniot

铁线莲属 *Clematis*　毛茛科 Ranunculaceae

半常绿木质藤本，全体无毛。茎圆柱形，有纵棱。叶对生，三出复叶；小叶片薄革质，卵状披针形，长 3 ~ 16 厘米，先端急尖至渐尖，基部圆形，浅心形或斜肾形，全缘，两面无毛；叶柄长 5 ~ 6 厘米。圆锥状聚伞花序有 1 ~ 7 朵花，通常比叶长或与叶近等长，萼片 4 ~ 6 枚，开展，白色。瘦果镰刀状狭卵形。花期 4—6 月，果期 7—11 月。生于向阳低山、丘陵、荒坡灌丛中。

根、茎、叶、花入药；根祛风利湿，活血解毒；主治风湿关节肿痛、肠胃炎、疟疾、乳痈、牙疳、目生星翳。茎通窍，利水。叶用于治疗关节痛。花用于治疗乳蛾、咽喉痛。

威灵仙

Clematis chinensis Osbeck

铁线莲属 *Clematis*　毛茛科 Ranunculaceae

半常绿木质攀援藤本。茎有纵棱，无毛。叶对生，一回羽状复叶，小叶 5 枚，有时 3 ~ 7 枚；叶片纸质，多卵形，长 1.2 ~ 8.0 厘米，全缘，两面近无毛，叶轴上部与小叶柄扭曲；茎叶干后常变黑色。花序圆锥状，多花，萼片 4 枚，白色；无花瓣；心皮多数离生，花柱细长，具长毛。花期 6—9 月，果期 8—11 月。生于低山杂木林缘及山谷溪边灌丛中。

根及根茎入药；祛风湿，消瘀肿，通经络，消骨鲠；主治风湿筋骨痛、跌打瘀痛、肢体麻木、痛风、骨鲠咽喉、偏头痛。

柱果铁线莲

Clematis uncinata Champ.

铁线莲属 *Clematis* 毛茛科 Ranunculaceae

常绿木质藤本。叶对生，一至二回羽状复叶，有 5 ~ 15 片小叶，基部两对常为 2 ~ 3 片小叶；茎基部为单叶或三出复叶；叶片薄革质，宽卵形或长圆状卵形，长 3 ~ 13 厘米，宽 1.5 ~ 7.0 厘米，先端急尖，基部宽楔形，有时浅心形，全缘，上面亮绿色，下面略被白粉，两面网脉凸出。圆锥状聚伞花序腋生或顶生，多花，常长于叶，萼片 4，白色。瘦果圆柱状钻形。花期 6—7 月，果期 7—9 月。生于旷野、山地、山谷、溪边的灌丛或林缘。

根及叶入药；祛风除湿，舒筋活络，镇痛；根用于治疗风湿关节痛、牙痛、骨鲠咽喉；叶外用治外伤出血。

獐耳细辛

Hepatica nobilis var. *asiatica* (Nakai) H. Hara

獐耳细辛属 *Hepatica* 毛茛科 Ranunculaceae

多年生草本，高8 ~ 18厘米。叶均基生，3 ~ 6片；叶片正三角状宽卵形，长2.5 ~ 4.0厘米，宽4.5 ~ 7.5厘米，基部深心形，3裂至中部，中央裂片宽卵形，侧生裂片卵形，全缘。花葶1 ~ 6条；萼片6 ~ 11枚，白色或粉红色。瘦果卵球形，被长柔毛和宿存花柱。花期4 ~ 5月。生于山坡杂木林下富含腐殖质的阴湿处，或路旁或裸岩上。

根茎入药；活血祛风，杀虫止痒；治筋骨酸痛、癣疮。

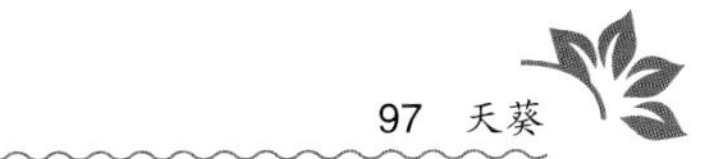

天葵

Semiaquilegia adoxoides (DC.) Makino

天葵属 *Semiaquilegia*　毛茛科 Ranunculaceae

多年生草本。块根椭圆形或纺锤形，棕黑色，断面白色。茎丛生，高 10 ～ 20 厘米。基生叶多数，为掌状三出复叶；小叶扇状菱形，长 0.6 ～ 2.5 厘米，3 深裂，边缘疏生粗齿；叶背面紫色。花小，萼片白色或淡紫色；花瓣匙形，白膜质，雄蕊多数；心皮 3 ～ 5 枚。蓇葖果卵状长椭圆形。花期 3—4 月，果期 4—5 月。生于山坡林缘、路旁、沟边及阴湿处。

块根入药，名为天葵子；清热解毒，消肿散结；用于治疗痈肿疔疮、乳痈、瘰疬、蛇虫咬伤。

乌头

Aconitum carmichaelii Debeaux

乌头属 *Aconitum*　毛茛科 Ranunculaceae

多年生草本。块根倒圆锥形，长 2 ~ 4 厘米。茎直立，高 60 ~ 150 厘米。叶互生；叶片薄革质或纸质，五角形，长 6 ~ 11 厘米，宽 9 ~ 18 厘米，3 全裂。总状花序顶生，长 6 ~ 25 厘米；萼片蓝紫色。蓇葖果长 1.5 ~ 1.8 厘米。花期 9—10 月，果期 10—11 月。生于山坡草地或灌丛中。

母根为川乌，有大毒；祛风湿，温经止痛；治风寒湿痹、心腹冷痛、寒疝疼痛、跌打损伤、麻醉止痛。子根为附子，有毒；回阳救逆，补火助阳，散寒止痛；治亡阳证、阳虚证、寒痹证。

还亮草

Delphinium anthriscifolium Hance

翠雀属 *Delphinium* 毛茛科 Ranunculaceae

一年生草本。茎高 12 ~ 75 厘米。叶互生，二至三回近羽状复叶；叶片菱状卵形或三角状卵形，长 5 ~ 11 厘米，宽 4.5 ~ 8.0 厘米。总状花序有花 2 ~ 15 朵。花径不超过 1.5 厘米，萼片堇色或紫色；花瓣紫色；心皮 3 枚。蓇葖果长 1.1 ~ 1.6 厘米。花期 3—6 月，果期 6—8 月。生于山坡林缘、溪边、阴湿山坡或草丛中。

全草入药；祛风除湿，止痛活络；治风湿痹痛、半身不遂、积食胀满；外用治痈疮、癣癞。

单穗升麻

Actaea simplex (DC.) Wormsk. ex Prantl

类叶升麻属 *Actaea*　毛茛科 Ranunculaceae

多年生草本。根状茎粗壮，横走。茎单一，直立，高 1.0 ~ 1.5 米，花序以下无毛。叶互生，二至三回羽状复叶；顶生小叶宽披针形或菱形，长 3.5 ~ 9.0 厘米，宽 1.2 ~ 5.5 厘米；侧生小叶狭斜卵形。总状花序顶生或腋生，长可达 35 厘米，不分枝；萼片宽椭圆形，白色，早落；雄蕊多数，心皮 2 ~ 7 枚。蓇葖果。花期 7—9 月，果期 10—11 月。生于山坡林下富含腐殖质的阴湿处及沟边。

根状茎入药；发表散风，清热解毒；治感冒、斑疹、风热疮疡、久泄脱肛等。

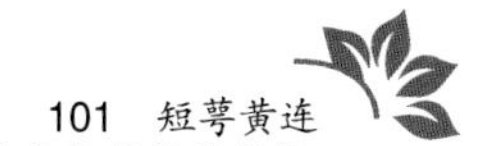

短萼黄连

Coptis chinensis var. *brevisepala* W.T. Wang et P.K. Hsiao

黄连属 *Coptis*　毛茛科 Ranunculaceae

多年生草本。根状茎黄色。叶基生；叶片坚纸质，3 全裂；中央裂片具柄，卵状菱形，具 3 或 5 对羽状裂片，边缘生具细刺尖的锐锯齿。二歧或多歧聚伞花序；花小，黄绿色，萼片 5 枚，长约 0.65 厘米，仅比花瓣长 1/3 ～ 1/5，不反卷。雄蕊多数，心皮多数。蓇葖果长 0.6 ～ 0.8 厘米，有细梗。花期 3—4 月，果期 4—5 月。生于沟谷林下阴湿处。

根、茎、叶入药；泻火燥湿，清热解毒；主治痢疾、百日咳、肺痨、急性肠炎、中耳炎、结膜炎、痈肿疔疮、化脓感染。

驴蹄草

Caltha palustris L.

驴蹄草属 *Caltha* 毛茛科 Ranunculaceae

多年生草本，高 20 ~ 50 厘米，全体无毛。茎具纵沟。基生叶 3 ~ 7 枚；叶片圆肾形或近圆形，长 3 ~ 6 厘米，宽 3 ~ 9 厘米，先端圆形，基部心形或宽心形，边缘波状，密生三角形的细牙齿，叶柄长 5 ~ 24 厘米。单歧聚伞花序生于茎或分枝顶端，常具 2 花；萼片 5 枚，金黄色，倒卵形；缺花瓣，雄蕊多数，心皮 7 ~ 12 离生。蓇葖果狭倒卵形。花期 4—5 月，果期 7—8 月。生于山谷、溪边或林下阴湿处。

全草入药；祛风散寒；治头目昏眩、周身疼痛。

枫香树

Liquidambar formosana Hance

枫香树属 *Liquidambar* 蕈树科 Altingiaceae

落叶大乔木，高可达 40 米。叶片纸质，宽卵形，掌状 3 裂，先端尾状渐尖，基部心形，边缘有腺锯齿；叶柄长 3 ~ 10 厘米。雄花短穗状花序常多个排成总状，雄蕊多数；雌花头状花序有花 24 ~ 43 朵，总花梗长 3 ~ 6 厘米，子房半下位，藏在头状花序轴内，花柱 2 离生。头状果序球形，径 3 ~ 4 厘米。花期 4—5 月，果期 7—10 月。生于山地林中或村落附近，喜湿润、肥沃土壤。

树脂入药，称为枫香脂；活血，止痛，解毒，生肌，凉血；用于治疗跌打损伤、痈疽肿痛、吐血、衄血、外伤出血。成熟果序入药，称为路路通；祛风活络，利水通经；用于治疗关节痹痛、麻木拘挛、水肿胀满、乳少经闭。

牛鼻栓

Fortunearia sinensis Rehder et E.H. Wilson

牛鼻栓 *Fortunearia* 金缕梅科 Hamamelidaceae

落叶灌木或小乔木，高 3 ～ 7 米。嫩枝、叶柄、花序柄被灰褐色星状柔毛。叶互生；叶片膜质，倒卵形，长 7 ～ 15 厘米，宽 4 ～ 7 厘米，先端锐尖，基部圆形至宽楔形，边缘有波状齿，齿端有突尖，背面脉上有星状柔毛。总状花序，总花梗、花序轴均被星状柔毛；花瓣狭披针形。蒴果木质，成熟时褐色，卵球形。花期 4 月，果期 7—9 月。生于山坡、溪边灌丛中。

枝叶、根入药；补虚益损；治劳伤乏力。

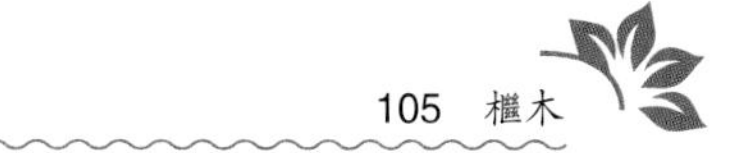

檵木

Loropetalum chinense (R. Br.) Oliv.

檵木属 *Loropetalum* 金缕梅科 Hamamelidaceae

常绿灌木，高 1 ~ 3 米。小枝被黄褐色星状柔毛。叶互生；叶片革质，卵形，长 1.5 ~ 5.0 厘米，先端锐尖，基部宽楔形或近圆形，多少偏斜，全缘。花两性，3 ~ 8 朵簇生；花瓣白色，带状，长 1 ~ 2 厘米；雄蕊 4 枚。蒴果卵球形，萼筒宿存。花期 4—5 月，果期 6—8 月。生于向阳的山坡灌丛中。

根、叶入药；收敛止血，清热解毒，止泻；主治血积经闭、跌打损伤、外伤出血；鲜叶捣烂外敷止血效果佳。

连香树

Cercidiphyllum japonicum Siebold et Zucc.

连香树属 *Cercidiphyllum* 连香树科 Cercidiphyllaceae

落叶乔木，高 10 ~ 30 米。小枝无毛，短枝对生在长枝上。叶对生；叶片卵形或近圆形，长 2.5 ~ 3.5 厘米，宽约 2 厘米，先端圆或钝尖，基部心形，边缘具圆齿，齿端凹处有腺体，基出脉 3 ~ 5 条。雄花单生或 4 朵簇生叶腋；雌花腋生，离生心皮雌蕊 2 ~ 6 枚。聚合蓇葖果，圆柱形，微弯，呈荚果状，长 1.5 ~ 2.0 厘米。花期 4 月，果期 8 月。生于山坡或山谷溪边杂木林中。

果实入药；息风止痉；治惊风抽搐。

落新妇

Astilbe chinensis (Maxim.) Franch. et Sav.

落新妇属 *Astilbe*　虎耳草科 Saxifragaceae

多年生直立草本，高 50 ~ 100 厘米。基生叶为二至三回三出复叶；小叶片卵状长圆形、菱状卵形或卵形，长 2.0 ~ 8.5 厘米，宽 1.5 ~ 5.0 厘米，边缘有重锯齿；茎生叶 2 ~ 3 枚。圆锥花序长 15 ~ 33 厘米，宽通常不超过 12 厘米；花密集；花小形；花瓣紫红色，5 枚，线形；雄蕊 10 枚；2 心皮仅基部合生。蓇葖果。花期 5—6 月，果期 7—9 月。生于山谷溪沟边、林下及林缘。

根入药；散瘀止痛，祛风除湿；治跌打损伤、风湿关节痛、风热感冒、咳嗽及毒蛇咬伤等。

大叶金腰

Chrysosplenium macrophyllum Oliv.

金腰属 *Chrysosplenium*　虎耳草科 Saxifragaceae

多年生草本，高 7 ~ 20 厘米。茎肉质。叶互生；基生叶肥厚，倒卵形或宽倒卵形，长 2.3 ~ 20.0 厘米，宽 1.3 ~ 11.5 厘米，先端钝圆，基部楔形，略下延，边缘有不明显微波状浅齿或近全缘；茎生叶小，通常仅 1 枚，匙形。聚伞花序顶生，被稀疏锈色长柔毛；花有香气；萼片白色或淡黄色，4 枚；雄蕊 8 枚。蒴果 2 裂，裂瓣水平状叉开。花期 2—5 月，果期 5—6 月。生于山地林下、溪沟边或岩缝中等阴湿处。

全草入药，称虎皮草；清热，平肝，解毒；治小儿惊风、臁疮、烫伤。

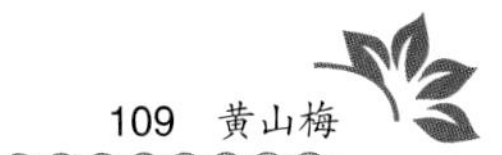

黄山梅

Kirengeshoma palmata Yatabe

黄山梅属 *Kirengeshoma*　虎耳草科 Saxifragaceae

多年生直立草本，高 80 ~ 130 厘米。茎带紫色，无毛。单叶，对生；叶片圆心形，长宽各 10 ~ 20 厘米，掌状分裂，裂片 8 ~ 10 枚，边缘具粗锯齿。聚伞花序生于上部叶腋和茎端，通常具 3 花；花两性，钟形，稍俯垂；花瓣淡黄色；雄蕊 15 枚。蒴果宽卵形，具宿存花柱。花、果期均为 7—10 月。生于山谷林下、山坡、沟边等阴湿处。

根状茎入药；舒筋活血，滋补强壮；治全身酸疼麻木、肾气虚、疲劳。

虎耳草

Saxifraga stolonifera Curtis

虎耳草属 *Saxifraga* 虎耳草科 Saxifragaceae

多年生草本，高 14 ~ 45 厘米。叶肉质，基生；叶片圆形或肾形，长 1.5 ~ 7.0 厘米，基部心形或截形，上面绿色，常具白色或淡绿色斑纹，下面紫红色，两面被伏毛，边缘浅裂并具不规则浅牙齿。花序疏圆锥状，长 10 ~ 26 厘米；花不整齐；萼片 5 枚；花瓣白色，5 枚；雄蕊 10 枚。蒴果宽卵形。花期 4—8 月，果期 6—10 月。生于山地阴湿处、阴湿岩石上、溪边石缝及林下。

全草入药，有小毒；清热解毒，祛湿消肿，凉血止血；主治外伤出血、疖肿、脓肿；鲜叶捣烂外敷可治中耳炎、湿疹等。

黄水枝

Tiarella polyphylla **D. Don**

黄水枝属 *Tiarella* 虎耳草科 Saxifragaceae

多年生草本，高 15 ~ 70 厘米。茎通常不分枝，被白色伸展的长柔毛及腺毛。叶基生及茎生；叶片宽卵形，常 3 ~ 5 浅裂，长 2.5 ~ 8.5 厘米，宽 2.5 ~ 8.0 厘米，先端急尖，基部心形，边缘有浅牙齿，两面均疏被伏毛。总状花序顶生或腋生，疏散，长达 20 厘米，密生短腺毛；花瓣白色或淡红色。花期 4—5 月，果期 6—7 月。生于山地、沟谷溪涧旁，林下、岩隙等阴湿处。

全草入药；清热解毒，活血祛瘀，消肿止痛；治跌打损伤、耳聋、气喘、肝炎、痈疖肿毒。

紫花八宝

Hylotelephium mingjinianum **(S.H. Fu) H. Ohba**

八宝属 *Hylotelephium* 景天科 Crassulaceae

多年生草本，高 20 ~ 40 厘米。茎直立，常不分枝。叶互生，茎叶有时呈紫红色；叶片宽椭圆状倒卵形，长 8 ~ 12 厘米，宽 3 ~ 5 厘米，先端钝或具尖头，边缘有波状钝锯齿；上部的叶片狭卵形至线形。伞房花序顶生，大形，具多数花；花瓣紫色，5 枚；雄蕊 10 枚，与花瓣近等长；鳞片 5 枚，匙状长圆形；心皮 5 离生；花期 9—10 月，果期 10 月。生于山间溪沟边阴湿处和石隙中。

全草入药；活血生肌，止血解毒；治挫伤、吐血、小儿惊风、胸膜炎、毒蛇咬伤、腰肌劳损、烫伤、带状疱疹。

晚红瓦松

Orostachys japonica A. Berger

瓦松属 *Orostachys* 景天科 Crassulaceae

多年生肉质草本，高 15 ~ 25 厘米。茎直立，与叶、萼片及花瓣均生有红色小圆斑点。莲座叶片肉质，狭匙形，长 1.5 ~ 3.0 厘米，宽 0.4 ~ 0.7 厘米，先端长渐尖，有软骨质刺；花茎上的叶片散生，线形至线状披针形。花序总状，多数花较稠密地排成狭长圆筒形；萼片 5 枚；花瓣白色或淡紫色；雄蕊 10 枚；心皮 5 离生。花、果期均为 9—10 月。生于石隙或旧屋顶瓦缝中。

地上部分入药；解毒，利湿，止血，敛疮；治吐血、鼻衄、血痢、肝炎、疟疾、热淋、痔疮、湿疹、痈毒、疔疮、水火灼伤。

凹叶景天

Sedum emarginatum Migo

景天属 *Sedum*　景天科 Crassulaceae

草本，高 10 ~ 15 厘米。茎细弱，斜升，着地部分常生有不定根，无毛。叶对生；叶片匙状倒卵形，长 1.0 ~ 2.5 厘米，先端微凹，基部渐狭，有短距；无柄。聚伞花序顶生；花无梗，萼片 5 枚，基部有短距；花瓣黄色，5 枚，线状披针形，雄蕊 10 枚，比花瓣短；5 心皮基部合生。蓇葖果略叉开。花期 5—6 月，果期 6—7 月。生于山坡阴湿处的林下或石隙中。

全草入药；清热解毒，活血止血，利湿敛带，祛邪散结；治痈肿、疔疮、吐血、衄血、血崩、带下、瘰疬、黄疸、跌打损伤。

垂盆草

Sedum sarmentosum Bunge

景天属 *Sedum*　景天科 Crassulaceae

多年生草本。叶3枚轮生；叶片倒披针形至长圆形，长1.5 ~ 2.5厘米，宽0.3 ~ 0.5厘米，有短距。聚伞花序顶生，有3 ~ 5枚分枝；花瓣黄色，5枚；雄蕊10枚；心皮5离生。花期5—6月，果期7—8月。生于山坡岩石上。

全草入药；清热解毒，利湿退黄；治湿热黄疸、小便不利、痈肿疮疡。

费菜

Phedimus aizoon L.

费菜属 *Phedimus* 景天科 Crassulaceae

多年生草本，高 20 ~ 50 厘米。茎直立，不分枝。叶互生；叶片宽卵形或披针形，长 2.5 ~ 5.0 厘米，宽 1 ~ 2 厘米，先端钝尖，基部楔形，边缘有不整齐的锯齿或近全缘。聚伞花序顶生，水平分枝，平展，花多数，密集；萼片肉质，5 枚，线形；花瓣黄色，5 枚；雄蕊 10 枚；心皮 5 离生。蓇葖果呈星芒状。花、果期均为 6—9 月。生于山坡岩石上或屋基荒地。

根或全草入药；止血散瘀，安神镇痛；治疗神经衰弱、失眠、烦躁不安、急性关节扭伤、咳血、吐血、鼻衄、齿衄、高血脂症、高血压、跌打损伤、刀伤、火伤、毒虫刺伤。

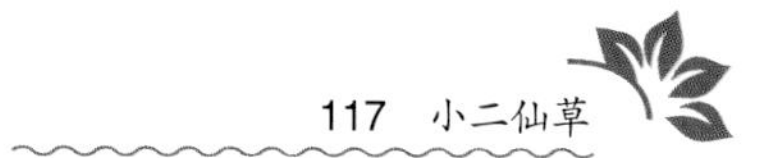

小二仙草

Haloragis micrantha (Thunb.) R. Br. ex Siebold et Zucc.

小二仙草属 *Haloragis*　小二仙草科 Haloragaceae

多年生小草本，全体无毛。茎纤细，具4棱，高10 ~ 30厘米，基部平卧。叶常对生，在上部的为互生；叶片卵形或宽卵形，长0.4 ~ 1.2厘米，宽0.2 ~ 0.8厘米，基部圆形，边缘具软骨质的锯齿。花小，排列成长3 ~ 10厘米的总状花序，再组成圆锥花序状；花瓣4枚，淡红色或紫红色；雄蕊8枚；子房4室。核果近球形。花期6—7月，果期7—8月。生于路边草丛中及山顶岩石缝间。

全草入药；止咳平喘，清热利湿，调经活血；治咳嗽哮喘、二便不通、热淋、赤痢、便秘、月经不调、跌打损伤、烫伤、蛇咬伤。

华中乌蔹莓　大叶乌蔹莓

Cayratia oligocarpa (H. Lév. et Vaniot) Gagnep.

乌蔹莓属 *Cayratia*　葡萄科 Vitaceae

藤本。依靠与叶对生而粗壮分叉的卷须攀援上升。叶为鸟足状复叶，小叶 5 枚；小叶片卵形或椭圆状卵形，中间者较大，侧生者较小，先端渐尖，基部钝圆或宽楔形；中间小叶片长达 14 厘米，边缘具 20 枚以上具短尖的牙齿，侧脉 10 ~ 11 对。聚伞花序腋生。浆果球形。花期 5—6 月，果期 8—10 月。生于山坡林中、林缘。

根、叶入药；祛风湿，通经络；主治牙痛、风湿性关节炎、无名肿毒。

绿爬山虎

Parthenocissus laetevirens Rehder

爬山虎属 *Parthenocissus*　葡萄科 Vitaceae

落叶攀援藤本。卷须具 5 ~ 11 条细长的分枝。掌状复叶，小叶 3 ~ 5 枚，常为 5 枚；小叶片倒卵形或椭圆形，长 5 ~ 12 厘米，宽 2 ~ 5 厘米。聚伞花序开展，与叶对生或顶生于侧枝上；花小，黄绿色，两性；萼片、花瓣、雄蕊各为 5 枚；浆果蓝黑色。花期 6—8 月，果熟期 9—10 月。攀援于墙壁上，或生于山坡岩石上或溪沟边。

根入药；祛风通络，活血解毒；治关节风湿痛、毒蛇咬伤、疖肿、下肢慢性溃疡等。

三叶崖爬藤

Tetrastigma hemsleyanum Diels et Gilg

崖爬藤属 *Tetrastigma*　　葡萄科 Vitaceae

多年生草质蔓生藤本。地下块根卵形或椭圆形。茎无毛，下部节上生根；卷须不分枝，与叶对生。掌状复叶互生，小叶 3 枚；中间小叶片稍大，近卵形或披针形，长 3 ~ 7 厘米，宽 1.2 ~ 2.5 厘米，先端渐尖，有小尖头，边缘疏生具腺状尖头的小锯齿；侧生小叶片基部偏斜。聚伞花序生于当年新枝上，总花梗短于叶柄；花小，黄绿色。浆果球形，熟时黑色。花期 4—5 月，果期 7—8 月。生于山坡或山沟、溪谷两旁林下阴处。

块根入药，名为三叶青；清热解毒，消肿止痛，化痰散结；治小儿高热惊风、毒蛇咬伤、淋巴结核、百日咳等。

刺葡萄

***Vitis davidii* (Rom. Caill.) Foëx**

葡萄属 *Vitis* 葡萄科 Vitaceae

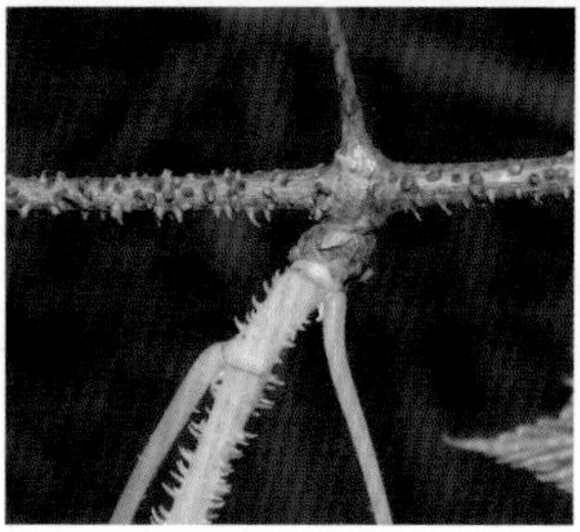

木质藤本。茎粗壮，幼枝密生直立或顶端稍弯曲的皮刺，卷须分枝。叶互生；叶片宽卵形至卵圆形，长 5 ~ 20 厘米，宽 5 ~ 14 厘米，先端渐尖，基部心形，叶柄通常疏生小皮刺。圆锥花序长 5 ~ 15 厘米；花小。浆果球形，熟时蓝紫色。花期 4—5 月，果期 8—10 月。生于山坡杂木林中和溪边灌木丛中。

根入药；祛风湿，利小便；治慢性关节炎、跌打损伤、筋骨酸痛。

葛藟

Vitis flexuosa Thunb.

葡萄属 *Vitis* 葡萄科 Vitaceae

木质藤本。枝无毛。叶片纸质，下部的叶片扁三角形或心状三角形，长比宽略短或两者等长；上部的叶片长三角形，较下部叶片稍长，长 4 ~ 11 厘米，宽 4 ~ 9 厘米，基部浅心形或截形，叶背面初时中脉及侧脉有蛛丝状毛，以后仅在基部残留开展短毛，脉腋有簇毛。圆锥花序连同花梗共长 4 ~ 7 厘米。果球形，蓝黑色。花期 5—6 月，果期 9—10 月。生于山坡林下及林缘灌丛中。

根、茎和果实入药；补五脏，续筋骨，益气，止渴。治骨节酸痛、跌打损伤、咳嗽、吐血、积食。

蘡薁

Vitis bryoniifolia Bunge

葡萄属 *Vitis* 葡萄科 Vitaceae

木质藤本。幼枝、叶柄、花序轴和分枝均被锈色或灰色绒毛。叶片宽卵形或卵形，长 4 ～ 8 厘米，宽 2.5 ～ 5.0 厘米，掌状 3 ～ 5 深裂，一回裂片常再浅裂或深裂，中间裂片最大，边缘有缺刻状粗齿，上面疏生短毛，下面密被锈色绒毛。圆锥花序长 5 ～ 8 厘米；花萼盘形，全缘；花瓣 5 枚，早落；雄蕊 5 枚。浆果熟时紫色。花期 4—8 月，果期 6—10 月。生于山坡、路旁丛林中。

全株入药；生津止渴，清热解毒，祛风除湿；治肝炎、阑尾炎、乳腺炎、肺脓疡、多发性脓肿、风湿性关节炎；外用治疮疡肿毒、中耳炎、蛇虫咬伤。

合萌

Aeschynomene indica L.

合萌属 *Aeschynomene* 豆科 Fabaceae

一年生半灌木状草本，高 30 ~ 100 厘米。偶数羽状复叶，小叶 40 ~ 60 枚；小叶片线状长椭圆形，长 0.3 ~ 0.8 厘米，宽 0.1 ~ 0.3 厘米，先端钝，具小尖头，基部圆形。总状花序腋生，有 2 ~ 4 朵花；花冠黄色，带紫纹。荚果线状，长 1 ~ 3 厘米，成熟时逐节断裂。花期 7—8 月，果期 9—10 月。生于湿地、塘边、溪旁及田埂上。

全草入药；祛风利湿，清热解毒；治风热感冒、黄疸、痢疾、胃炎、腹胀、淋病、痈肿、皮炎、湿疹、夜盲。

土圞儿

Apios fortunei Maxim.

土圞儿属 *Apios*　豆科 Fabaceae

多年生缠绕草本。地下块根宽椭圆形或纺锤形。奇数羽状复叶，互生，有 3 ~ 7 枚小叶；托叶宽线形；顶生小叶片较大，宽卵形至卵状披针形，长 4 ~ 10 厘米，宽 2 ~ 6 厘米，先端渐尖，有小尖头，基部圆形或宽楔形；侧生小叶片常为斜卵形。总状花序，长 6 ~ 26 厘米；花冠淡黄绿色，有时带紫晕。荚果线形，长 5 ~ 8 厘米。花期 6—7 月，果期 9—10 月。生于向阳山坡疏林缘和灌草丛中，常缠绕在其他植物上。

块根入药；清热解毒，理气散结，祛痰止咳；主治百日咳、咽喉肿痛、乳痈、疮疖及毒蛇咬伤。

云实

Caesalpinia decapetala (Roth) Alston

云实属 *Caesalpinia* 豆科 Fabaceae

落叶攀援灌木；全体散生倒钩状皮刺。二回羽状复叶，长 20 ~ 30 厘米；小叶片长圆形，长 0.9 ~ 2.5 厘米，宽 0.6 ~ 1.2 厘米，两端钝圆，微偏斜，全缘。总状花序顶生，直立，具多花；花冠黄色，雄蕊 10 枚，分离；子房线形。荚果栗褐色，长圆形，成熟时沿腹缝线开裂。花期 4—5 月，果期 9—10 月。生于山谷、山坡、路边灌丛中或林缘。

种子及根入药。根为云实根，活血通络，解毒，杀虫。种子为云实果，止痢，驱虫，镇咳，祛痰。

锦鸡儿

Caragana sinica (Buc'hoz) Rehder

锦鸡儿属 *Caragana* 豆科 Fabaceae

灌木，高 1 ~ 2 米。小枝黄褐色或灰色，多少有棱，无毛。叶互生，一回羽状复叶，有小叶 4 枚，上面 1 对通常较大；小叶片革质或硬纸质，倒卵形，长 1.0 ~ 3.5 厘米，宽 0.5 ~ 1.5 厘米；托叶三角状披针形，先端硬化成针刺。花两性，单生叶腋；花冠黄色带红，子房线形。荚果稍扁，无毛。花期 4—5 月，果期 5—8 月。生于山坡、山谷、路旁灌丛中，或栽培。

花入药；健脾益肾，和血祛风，解毒；用于治疗虚劳咳嗽、头晕耳鸣、腰膝酸软、气虚、带下、小儿疳积、痘疹透发不畅、乳痈、痛风、跌打损伤。

望江南

Senna occidentalis (L.) Link

番泻决明属 *Senna*　豆科 Fabaceae

半灌木状草本，高 0.8 ~ 1.5 米。茎直立，基部木质化，幼枝具棱。羽状复叶长 15 ~ 20 厘米，有 6 ~ 10 枚小叶；叶柄长 3 ~ 5 厘米，近基部内侧有 1 腺体；小叶片卵形至椭圆状披针形，长 2.5 ~ 7.5 厘米，宽 1.0 ~ 2.5 厘米，先端渐尖，基部宽楔形或圆形，顶端 2 枚基部偏斜，边缘具缘毛，侧脉 6 ~ 13 对。总状花序伞房状，花瓣黄色。荚果压扁，线状镰形，长 9 ~ 13 厘米。花期 8—9 月，果期 9—10 月。零星栽培。

茎叶入药；肃肺，清肝利尿，通便，解毒消肿；主治咳嗽气喘、头痛目赤、小便血淋、大便秘结、痈肿疮毒、蛇虫咬伤。

黄檀

Dalbergia hupeana **Hance**

黄檀属 *Dalbergia*　豆科 Fabaceae

落叶乔木，高可达 17 米。当年生小枝绿色，皮孔明显，无毛。奇数羽状复叶，有小叶 9 ~ 11 枚；小叶片长圆形或宽椭圆形，长 3.0 ~ 5.5 厘米，宽 1.5 ~ 3.0 厘米，先端圆钝，微凹，基部圆形或宽楔形。圆锥花序顶生或生于近枝顶叶腋；花冠淡紫色或黄白色，具紫色条斑。荚果长圆形，扁平，长 3 ~ 9 厘米。花期 5—6 月，果期 8—9 月。生于山坡、溪沟边、路旁、林缘或疏林中。

根皮入药；清热解毒，止血消肿；治疮疥疔毒、毒蛇咬伤、菌痢、跌打损伤等。民间用于治疗急慢性肝炎、肝硬化腹水。

假地豆

Desmodium heterocarpon (L.) DC.

山蚂蝗属 *Desmodium*　豆科 Fabaceae

半灌木或小灌木，高 0.3 ~ 1.5 米。三出羽状复叶；叶柄长 1 ~ 3 厘米，上面有沟槽；托叶三角状披针形，长 0.5 ~ 1.0 厘米，具 10 余条纵脉；顶生小叶片椭圆形或长椭圆形，长 2 ~ 6 厘米，宽 1.3 ~ 3.0 厘米，先端圆钝或微凹，基部圆形或宽楔形。总状花序腋生或顶生，长 3 ~ 10 厘米，花密集；花冠紫红色或蓝紫色。荚果线形，长 1.0 ~ 2.5 厘米。花期 7—9 月，果期 9—11 月。生于山坡、山谷、路旁疏林下或灌草丛中。

全株入药；清热解毒，利水消肿；主治小便癃闭、砂淋、白浊、水肿。

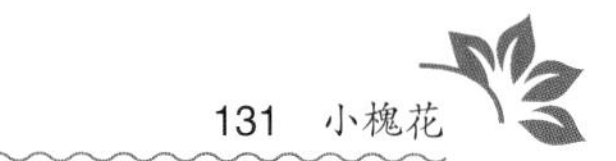

小槐花

Ohwia caudata (Thunb.) Ohashi

小槐花属 *Ohwia* 豆科 Fabaceae

灌木，高 0.5 ~ 2.0 米，全体几无毛。羽状三出复叶；叶柄两侧具狭翅；托叶三角状钻形，小叶片披针形或宽披针形，长 2.5 ~ 9.0 厘米，宽 1 ~ 4 厘米，先端渐尖或尾尖，上面浓绿色，下面粉绿色。总状花序腋生或顶生；花冠绿白色或淡黄白色。荚果带状，有 4 ~ 8 荚节，两缝线均缢缩成浅波状，密被棕色钩状毛。花期 7—9 月，果期 9—11 月。生于山坡、山沟疏林下、灌草丛中或空旷地。

根及全株入药；清热解毒，祛风利湿；主治感冒发热、小儿疳积、风湿关节痛、黄疸型肝炎、痢疾、毒蛇咬伤、痈疮。

野大豆

Glycine soja Siebold et Zucc.

大豆属 *Glycine* 豆科 Fabaceae

一年生缠绕草本。茎细长，密被棕黄色倒向伏贴长硬毛。羽状 3 小叶；托叶宽披针形，被黄色硬毛；顶生小叶片卵形至线形，长 2.5 ~ 8.0 厘米，宽 1.0 ~ 3.5 厘米，先端急尖，基部圆形，两面密被伏毛；侧生小叶片较小，基部偏斜，小托叶狭披针形。总状花序腋生，长 2 ~ 5 厘米；花小；花冠淡紫色，稀白色。荚果线形，密被棕褐色长硬毛，有 2 ~ 4 粒种子。花期 6—8 月，果期 9—10 月。生于向阳山坡灌丛中或林缘、路边、田边。

全株入药；清热敛汗；舒筋止痛；主治阴虚盗汗、筋骨疼痛、胃脘痛、小儿食积。

马棘

Indigofera pseudotinctoria Matsum.

木蓝属 *Indigofera* 豆科 Fabaceae

小灌木，高 60 ~ 150 厘米。茎多分枝，枝细长，被平贴“丁”字形毛。叶互生，奇数羽状复叶，有 7 ~ 11 枚小叶；小叶片倒卵状椭圆形或倒卵形，长 1 ~ 2 厘米，先端圆或微凹，具小尖头，两面被平贴毛。总状花序腋生，4 ~ 11 厘米，常长于复叶，花密集；花冠淡红色或紫红色。荚果线状圆柱形，长 2.5 ~ 5.0 厘米，被毛。花期 7—8 月，果期 9—11 月。生于山坡林缘及灌丛中。

全株入药；清热解表，散瘀消积；主治瘰疬、痔疮、食积、风热感冒。外用治疔疮。

鸡眼草

Kummerowia striata (Thunb.) Schindl.

鸡眼草属 *Kummerowia* 豆科 Fabaceae

一年生伏地草本，高 10 ~ 30 厘米。茎匍匐平卧，分枝纤细直立，茎及分枝均被下向白色长柔毛。羽状三出复叶互生；小叶片倒卵状长椭圆形，长 0.5 ~ 1.5 厘米，先端圆钝，有小尖头，基部楔形。花 1 ~ 3 朵腋生；花冠淡红色。荚果熟时茶褐色，长约 0.4 厘米，顶端有尖喙。花期 7—9 月，果期 10—11 月。生于路边、草地及杂草丛中。

全草入药；清热解毒，健脾利湿；主治感冒发热、目赤肿痛、暑湿吐泻、传染性肝炎。

大叶胡枝子

Lespedeza davidii Franch.

胡枝子属 *Lespedeza* 豆科 Fabaceae

落叶灌木，高 1 ~ 3 米。小枝具棱和翅，密被白色柔毛。叶互生，三出复叶，总叶柄长 2 ~ 8 厘米；小叶片宽椭圆形，长 3.5 ~ 11.0 厘米，宽 2.5 ~ 7.0 厘米，先端钝圆或微凹，基部圆形或宽楔形，两面密被短柔毛，下面尤密。总状花序腋生，较复叶长，花密集；总花梗及花梗均密被柔毛；花萼宽钟状，五深裂达中部以下；花冠紫红色。荚果斜卵形，长 1 厘米左右。花期 7—9 月，果期 9—11 月。生于向阳山坡、沟边灌草丛中或疏林下。

根及叶入药；宣肺解表，通经活络；治风寒袭肺、风寒痹证、腹痛、痛经。

胡枝子

Lespedeza bicolor **Turcz.**

胡枝子属 *Lespedeza* 豆科 Fabaceae

直立灌木，高0.7 ~ 2.0米。小枝黄色或暗褐色，有棱。羽状3小叶；小叶片纸质或草质，卵形、倒卵形或卵状长圆形；顶生小叶片长1.5 ~ 5.0厘米，宽1 ~ 3厘米，先端圆钝或微凹，具小尖头，基部圆形或宽楔形。总状花序腋生，长于复叶，在枝顶常成圆锥花序；花萼杯状，萼齿通常短于萼筒；花冠红紫色。荚果斜卵形，长约1厘米。花期7—9月，果期9—10月。生于山坡、路旁、空旷地灌丛中或疏林下。

茎、叶入药；润肺清热，利水通淋；治肺热咳嗽、百日咳、鼻衄、淋病。

截叶铁扫帚

***Lespedeza cuneata* G. Don**

胡枝子属 *Lespedeza* 豆科 Fabaceae

小灌木，高 0.5 ~ 1.0 米。枝具条棱。三出复叶互生，密集，叶柄长 0.4 ~ 1.0 厘米，被白色柔毛；托叶线形，具 3 脉；小叶片线状楔形，先端截形或圆钝，微凹，具小尖头，基部楔形，上面几无毛，下面密被伏毛；顶生小叶片长 1 ~ 3 厘米，宽 0.2 ~ 0.5 厘米；侧生小叶片较小。总状花序腋生，显著短于复叶；几无总花梗；花冠白色或淡黄色。荚果宽卵形或斜卵形，长约 0.3 厘米。花期 6—9 月，果期 10—11 月。生于山坡、路边、林隙及空旷地草丛中。

全株入药；清热利湿，消食除积，祛痰止咳；主治小儿疳积、消化不良、菌痢、胃痛、黄疸型肝炎、肾炎水肿、咳嗽；外用治疗带状疱疹、毒蛇咬伤。

美丽胡枝子

Lespedeza formosa (Vog.) Kooehne

胡枝子属 *Lespedeza*　豆科 Fabaceae

直立灌木，高 1 ~ 2 米。枝稍具棱，幼时被白色短柔毛。3 小复叶；托叶披针形或线状披针形；顶生小叶片厚纸质，卵形，长 1.5 ~ 6.0 厘米，宽 1 ~ 4 厘米，先端圆钝、微凹缺，具小尖头，上面绿色，无毛，下面贴生短柔毛；侧生小叶片较小。总状花序腋生，长于复叶；花冠紫红色，长 1.0 ~ 1.3 厘米。荚果斜卵形或长圆形，长 0.8 ~ 1.0 厘米，顶端具小尖头，贴生柔毛。花期 8—10 月，果期 10—11 月。生于向阳山坡、山谷、路边灌丛中或林缘。

茎、叶入药；清热利湿，利尿通淋；用于治疗热淋、小便不利。

铁马鞭

Lespedeza pilosa (Thunb.) Siebold et Zucc.

胡枝子属 *Lespedeza* 豆科 Fabaceae

半灌木，高达 80 厘米；全体密被棕黄色长柔毛。3 出复叶，叶柄长 0.3 ~ 2.0 厘米；托叶钻形；顶生小叶片宽卵形，长 0.8 ~ 2.5 厘米，宽 0.6 ~ 12.2 厘米，先端钝圆、截形或微凹，有短尖。总状花序腋生，通常有 3 ~ 5 朵花；花冠黄白色或白色。荚果宽卵形，顶端具喙，长 0.3 ~ 0.4 厘米。花期 7—9 月，果期 9—10 月。生于向阳山坡、路边、田边灌草丛中或疏林下。

带根全株入药；益气安神，活血止痛，利尿消肿，解毒散结。主治气虚发热、失眠、痧症腹痛、风湿痹痛、水肿、瘰疬、痈疽肿毒。

中华胡枝子

Lespedeza chinensis G. Don

胡枝子属 *Lespedeza* 豆科 Fabaceae

直立或披散小灌木，高 0.4 ~ 1.0 米。叶柄、叶轴及小叶柄密被柔毛；托叶钻形；顶生小叶片长椭圆形、倒卵状长圆形、卵形或倒卵形，长 1.0 ~ 3.5 厘米，宽 0.3 ~ 1.2 厘米，先端钝圆、截形或微凹，具小尖头。总状花序腋生，短于复叶，花少数；花冠白色或淡黄色。荚果卵圆形。花期 8—9 月，果期 10—11 月。生于山坡、路旁草丛中或疏林下。

根入药；祛风止痛；主治风湿关节痛。

网络崖豆藤

Callerya reticulata (Benth.) Schot

崖豆藤属 *Callerya* 豆科 Fabaceae

木质大藤本，长5米以上。茎红褐色，刀砍有血红色黏液流出。叶互生，奇数羽状复叶，小叶5 ~ 9枚；小叶片对生，革质，长椭圆形，长2.5 ~ 12.0厘米。圆锥花序顶生，下垂，长达15厘米；花萼钟状；花冠紫红色或玫瑰红色。荚果，线状长圆形，长达16厘米，无毛。花期6—8月，果期10—11月。生于山地、沟谷灌丛或疏林下。

藤茎入药；补血强筋，通经活络；主治贫血、月经不调、闭经、遗精、风湿筋骨痛、腰腿痛。

香花崖豆藤

Callerya dielsiana Harms

崖豆藤属 *Callerya* 豆科 Fabaceae

常绿木质藤本，长 2 ~ 6 米。根状茎及根粗壮，折断时均有红色汁液。小叶 5 枚；小叶片椭圆形或长圆形，长 5 ~ 22 厘米，宽 2.5 ~ 8.0 厘米。圆锥花序顶生；花序分枝较细，花松散着生，花冠紫红色，旗瓣基部无胼胝体状附属物。荚果近木质，线形，密被灰色绒毛。花期 6—7 月，果期 9—11 月。生于山坡、山谷、沟边、林缘或灌丛中。

藤茎入药；补血止血，通经活络；主治贫血、月经不调、风湿痹痛、跌打损伤、外伤出血。

区别特征：网络崖豆藤小叶 5 ~ 9 枚，旗瓣和荚果无毛；香花崖豆藤小叶 5 枚，旗瓣和荚果密被毛。

常春油麻藤

Mucuna sempervirens Hemsl.

油麻藤属 *Mucuna*　豆科 Fabaceae

常绿木质藤本，长达 10 米。茎枝有明显纵沟。羽状三出复叶；小叶片革质，全缘；顶生小叶片卵状椭圆形或卵状长圆形，长 7 ~ 13 厘米；侧生小叶片基部偏斜。总状花序生于老茎上，花多数；花冠紫红色，大而美丽，干后变黑色。荚果近木质，长线形，长达 60 厘米，扁平，被黄锈色毛。花期 4—5 月，果期 9—10 月。生于稍蔽荫的山坡、山谷、溪边、林下岩石旁。

藤茎入药；行血补血，通经活络；治风湿痹痛、跌打损伤、月经不调、经闭。

野葛

Pueraria lobata (Willd.) Ohwi

葛属 *Pueraria*　豆科 Fabaceae

多年生大藤本，长 10 余米。块根肥厚，圆柱形。茎基部粗壮，木质化，小枝密被棕褐色粗毛；叶互生，羽状 3 小叶；小叶菱形，顶生小叶宽卵形，长 7 ~ 15 厘米，宽 5 ~ 12 厘米；侧生小叶片较小，斜卵形。总状花序腋生，长 15 ~ 30 厘米，花萼密被褐色粗毛；花冠紫红色；子房密被细毛。荚果扁平，密被黄色长硬毛。花期 7—9 月，果期 9—10 月。生于山坡草地、沟边、路旁或疏林中。

根和未开放的花蕾入药；葛根解肌退热，透疹，生津止渴，升阳止泻；用于治疗表证发热、项背强痛、麻疹不透、热病口渴、阴虚消渴、热泻热痢、脾虚泄泻。葛花能解酒毒，醒脾和胃；用于治疗饮酒过度、头痛头昏、烦渴、呕吐、胸膈饱胀等。

鹿藿

***Rhynchosia volubilis* Lour.**

鹿藿属 *Rhynchosia*　豆科 Fabaceae

多年生缠绕草本。植株各部密被棕黄色开展柔毛。羽状三出复叶；托叶膜质，线状披针形，长 0.6 ~ 0.8 厘米，宿存；顶生小叶片圆菱形，长 2.7 ~ 6.0 厘米，宽 2.3 ~ 6.0 厘米，先端急尖或圆钝，两面被毛，下面尤密，并散生橘红色腺点；小托叶锥状。总状花序有 10 余朵花，花冠黄色，荚果红褐色，短长圆形，熟时开裂，露出 2 粒黑色种子。花期 7—9 月，果期 10—11 月。生于山坡路边及草丛中。

茎、叶入药；消积散结，消肿止痛，舒筋活络，祛风除湿，活血，解毒；用于治疗小儿疳积、牙痛、神经性头痛、颈淋巴结结核、风湿性关节炎、腰肌劳损；外用治痈疖肿毒、蛇咬伤。

苦参

Sophora flavescens Ait.

槐属 *Sophora* 豆科 Fabaceae

多年生草本或半灌木，高可达 3 米。根圆柱状，外皮黄色，有刺激性气味，味极苦而持久。叶互生，奇数羽状复叶，长 20 ~ 35 厘米，有小叶 11 ~ 35 枚；托叶线形，早落；小叶片披针形，长 3 ~ 4 厘米，叶缘下向反卷。总状花序，顶生，长 15 ~ 25 厘米，具多数花；花冠黄白色；子房线形，密被淡黄色柔毛。荚果革质，线形，种子间微缢缩，呈不明显串珠状。花期 5—7 月，果期 7—9 月。生于向阳山坡草丛、路边、溪沟边。

根入药，有小毒；清热燥湿，杀虫，利尿；治热痢、便血、黄疸、疳积、小便赤黄、瘰疬、烫伤、痔漏、脱肛、湿疹瘙痒。

救荒野豌豆　大巢菜

Vicia sativa L.

野豌豆属 *Vicia*　豆科 Fabaceae

一年生草本，高 20 ~ 80 厘米。茎细弱，具棱，疏被黄色短柔毛。偶数羽状复叶有 6 ~ 14 枚小叶；叶轴顶端有分枝卷须；小叶片倒卵状长圆形，长 0.7 ~ 2.3 厘米，先端截形或微凹，具小尖头。花 1 ~ 2 朵腋生；总花梗极短；花冠紫红色；荚果扁平，线形，有 6 ~ 9 粒种子 。花期 3—6 月，果期 4—7 月。生于山坡路旁及灌草丛中，山谷及平地地区。

全草入药；补肾调经，祛痰止咳；用于治疗肾虚腰痛、遗精、月经不调、咳嗽痰多；外用治疗疮。

小巢菜

Vicia hirsuta (L.) Gray

野豌豆属 *Vicia*　豆科 Fabaceae

一年生草本，高 10 ~ 60 厘米。茎纤细，具棱。偶数羽状复叶有 8 ~ 16 枚小叶；叶轴顶端有羽状分枝卷须；叶柄长 0.2 ~ 0.4 厘米；托叶一侧有线形；小叶片线形或线状长圆形，长 0.3 ~ 1.5 厘米，宽 0.1 ~ 0.4 厘米，先端截形，具小尖头，基部楔形，两面无毛。总状花序腋生，有 2 ~ 6 朵花；花冠淡紫色，稀白色。荚果扁平，长圆形，长 0.7 ~ 1.0 厘米。花、果期均为 3—5 月。生于山坡、山脚及草地上。

全草入药；清热利湿，调经止血；治黄疸、疟疾、鼻衄、月经不调。

紫藤

Wisteria sinensis (Sims) Sweet

紫藤属 *Wisteria*　豆科 Fabaceae

落叶木质藤木。奇数羽状复叶，有小叶 7 ~ 13 枚，托叶线状披针形，早落；小叶片卵状披针形或卵状长圆形，长 4 ~ 11 厘米，宽 2 ~ 5 厘米。总状花序生于上一年生枝顶端，长 15 ~ 30 厘米，下垂，花密集；花冠紫色或深紫色；子房有柄，密被灰白色绒毛。荚果线形或线状倒披针形，扁平，密被灰黄色绒毛。花期 4—5 月，果期 5—10 月。生于向阳山坡、沟谷、旷地、灌草丛中或疏林下。

茎皮、花及种子入药；利尿消肿，解毒驱虫，止吐泻；治腹痛、蛲虫病、风湿痹痛、筋骨疼痛。

瓜子金

Polygala japonica Houtt.

远志属 *Polygala* 远志科 Polygalaceae

多年生草本，高 10 ~ 35 厘米。茎丛生。叶互生；叶片近革质或厚纸质，卵形，长 1.0 ~ 3.6 厘米，宽 0.5 ~ 1.5 厘米。总状花序与叶对生或腋外生；花白色带紫色。蒴果近圆形，压扁，边缘具宽翅。花期 4—5 月，果期 5—8 月。生于低山坡草地、路旁或耕地附近。

全草入药；活血散瘀，化痰止咳，解毒止痛；主治心悸失眠、骨髓炎、骨结核、跌打损伤、咽喉肿痛、毒蛇咬伤、咳嗽痰多、疔疮痈疽等。

黄花远志

Polygala arillata Buch.-Ham. ex D. Don

远志属 *Polygala*　远志科 Polygalaceae

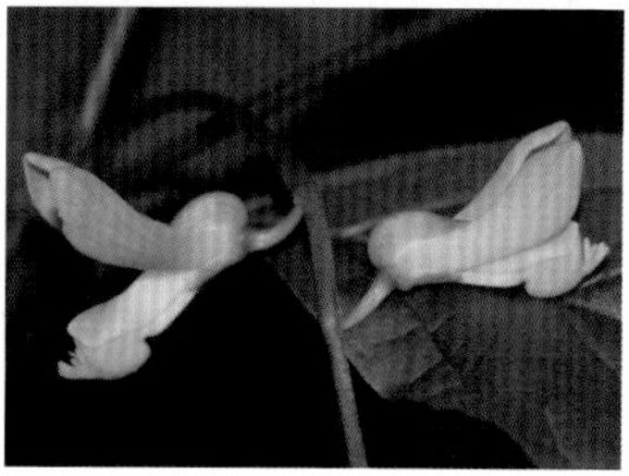

落叶灌木或小乔木，高 1 ~ 5 米。叶片纸质，椭圆形或长椭圆形，长 4 ~ 14 厘米，宽 2 ~ 4 厘米，全缘。总状花序下垂，与叶对生，长 6 ~ 10 厘米；花稀疏，黄色或上部带红棕色。蒴果宽肾形至略近心形，革质，脉纹显著。花期 5—6 月，果期 6—8 月。生于山坡或溪边。

根入药；补虚消肿，祛风除湿，调经活血；治感冒、肺痨、风湿疼痛、跌打损伤、产后虚弱、月经不调。

鸡麻

Rhodotypos scandens (Thunb.) Makino

鸡麻属 *Rhodotypos*　蔷薇科 Rosaceae

落叶灌木，高 0.5 ~ 2.0 米。小枝紫褐色，嫩枝绿色，光滑。叶对生；叶片卵形，长 4 ~ 11 厘米，宽 3 ~ 6 厘米，先端渐尖，基部圆形至微心形；边缘有尖锐重锯齿；托叶膜质，狭线形。花单朵顶生于新梢上；花径 3 ~ 5 厘米，萼片 4 枚，副萼 4 枚，狭线形，花瓣 4 枚，心皮 4 枚离生，花瓣白色。核果黑色或褐色。花期 4—5 月，果期 6—9 月。生于山坡疏林中或山谷林下阴湿处。

根和果实入药；补虚养血；治血虚、肾亏、贫血。

金樱子

Rosa laevigata Michx.

蔷薇属 *Rosa* 蔷薇科 Rosaceae

常绿攀援灌木。小枝散生扁弯皮刺。叶互生，奇数羽状复叶，小叶 3 ~ 5 枚；叶轴有皮刺和腺毛；托叶离生或基部与叶柄合生；小叶片革质，椭圆状卵形，长 2 ~ 6 厘米，先端急尖或圆钝，边缘有锐锯齿。花单生于叶腋，花径 5 ~ 7 厘米；花瓣白色，宽倒卵形；雄蕊、心皮多数。果紫褐色，梨形，密被刺。花期 4—6 月，果期 9—10 月。生于向阳山地、溪边、谷地疏林下或灌丛中。

根及果实入药。果实为金樱子，固精缩尿止带，涩肠止泻；主治遗精、遗尿、脾虚泄泻、慢性痢疾、虚体自汗、盗汗、腰腿痛。金樱子根活血散瘀，收敛止痛；用于治疗肠炎、腰痛、痛经。

硕苞蔷薇

Rosa bracteata Wendl.

蔷薇属 *Rosa* 蔷薇科 Rosaceae

常绿匍匐灌木。小枝、叶轴混生针刺和腺毛；皮刺扁弯，常成对着生于托叶下方。复叶有小叶 5 ~ 9 枚；托叶大部分离生，呈篦齿状深裂；小叶片革质，椭圆形或倒卵形，长 1.0 ~ 2.5 厘米，宽 0.8 ~ 1.5 厘米，先端截形，圆钝或稍急尖，基部宽楔形或近圆形，边缘有紧贴圆钝锯齿。花单生或 2 ~ 3 朵集生；花瓣白色，倒卵形，先端微凹。果球形。花期 4—5 月，果期 9—11 月。生于低海拔的溪边、山坡、路旁等向阳处。

根、花和果实入药。根益气，健脾，固涩；主治盗汗、久泻、脱肛、遗精。花润肺止咳；主治肺痨咳嗽。果健脾利湿；主治痢疾、脚气病。

小果蔷薇

Rosa cymosa Tratt.

蔷薇属 *Rosa*　蔷薇科 Rosaceae

常绿攀援灌木。小枝有钩状皮刺。叶互生，奇数羽状复叶，有小叶 3 ~ 5 枚；托叶膜质，离生，线形，早落；小叶片卵状披针形或椭圆形，长 2.5 ~ 6.0 厘米，宽 0.8 ~ 2.5 厘米。复伞房花序，有花多数；萼片卵形，常羽状分裂；花瓣白色。果实红色至黑褐色，球形。花期 5—6 月，果期 7—11 月。生于向阳山坡、路旁、溪边、沟谷林缘、疏林下或灌丛中。

根、嫩叶、果实入药；散瘀止血，解毒消肿；治月经不调、子宫脱垂、痔疮、脱肛、疮毒、外伤性出血。

插田泡

Rubus coreanus Miq.

悬钩子属 *Rubus* 蔷薇科 Rosaceae

落叶灌木。茎直立，红褐色，被白粉，具坚硬皮刺。奇数羽状复叶互生；小叶 3 ～ 7 枚，以 5 枚居多，小叶柄、叶轴均疏生钩状小皮刺；托叶线状披针形；顶生小叶片较大，菱状卵形，长 3 ～ 7 厘米，宽 2.0 ～ 4.5 厘米，边缘有不整齐的粗锯齿或缺刻状粗锯齿。伞房状圆锥花序顶生，总花梗和花梗均被灰白色短柔毛；花瓣淡红色至深红色。聚合果深红色或紫黑色，近球形。花期 4—6 月，果期 6—8 月。生于低山或山坡灌丛或路旁。

根入药；活血散瘀，调经，止血，软坚散结；治劳伤吐血、鼻衄、月经不调、不孕、骨折、跌打损伤。

盾叶莓

Rubus peltatus Maxim.

悬钩子属 *Rubus*　蔷薇科 Rosaceae

落叶灌木，高 1 ~ 2 米。茎散生皮刺，小枝绿色，有白粉。单叶；叶片盾状，近圆形，长 7 ~ 17 厘米，宽 6 ~ 17 厘米，基部截形或近心形，掌状 3 ~ 5 浅裂，裂片三角状卵形，叶柄盾着；托叶大，膜质，卵状披针形。花单生叶腋；花瓣白色。聚合果橘红色，圆柱形。花期 4—5 月，果期 6—7 月。生于山坡林下或林缘。

果入药；强腰健肾；治腰腿酸痛、四肢酸疼。

高粱泡

Rubus lambertianus **Ser.**

悬钩子属 *Rubus*　蔷薇科 Rosaceae

半常绿蔓性灌木。茎散生钩状小皮刺。单叶；叶片宽卵形，长 7 ~ 10 厘米，宽 4 ~ 9 厘米，先端渐尖，基部心形，边缘明显 3 ~ 5 裂或呈波状，中脉常疏生小皮刺；叶柄散生皮刺；托叶离生，线状深裂，早落。圆锥花序顶生；花瓣白色。聚合果红色，球形。花期 7—8 月，果期 9—11 月。生于丘陵地带林下或沟边。

根、叶入药；疏风解表，凉血止血，清热解毒；治感冒、高血压、偏瘫、咳血、衄血、便血、产后腹痛、崩漏、带下。

寒莓

Rubus buergeri Miq.

悬钩子属 *Rubus* 蔷薇科 Rosaceae

蔓性常绿小灌木。茎常伏地生根，有稀疏小皮刺。单叶互生；叶片纸质，卵形至近圆形，径 4 ~ 8 厘米，先端圆钝，基部心形，边缘具不整齐锐锯齿，有不明显的 3 ~ 5 裂，裂片圆，下面密被绒毛；托叶离生，掌状或羽状深裂。短总状花序，腋生或顶生；花瓣白色。聚合果紫黑色，近球形。花期 8—9 月，果期 10 月。生于低海拔的山坡灌丛及林下。

根及全株入药；凉血止血，解毒敛疮；治肺痨咯血、外伤出血、疮疡肿痛、湿疮流脓。

茅莓

Rubus parvifolius L.

悬钩子属 *Rubus* 蔷薇科 Rosaceae

落叶小灌木。茎、叶柄、花梗有毛及钩刺。复叶互生，小叶3枚，羽状三出；托叶线形；顶生小叶片菱状圆形，长3～6厘米，先端圆钝，基部圆形或宽楔形，边缘有重粗锯齿；侧生小叶片稍小，宽倒卵形，先端急尖至钝圆，基部宽楔形或近圆形；叶下面密被灰白色绒毛。伞房花序顶生或腋生；花瓣粉红色至紫红色；聚合果红色，卵球形。花期4—7月，果期7月。生于低山丘陵、山坡、路边。

带叶嫩枝入药，名为天青地白草；活血消肿，祛风利湿；主治感冒高热、咽喉肿痛、急慢性传染性肝炎、肝脾大、咳血、吐血、肾炎水肿、跌打瘀痛、风湿骨痛。

三花悬钩子

Rubus trianthus **Focke**

悬钩子属 *Rubus* 蔷薇科 Rosaceae

藤状灌木。枝暗紫色，无毛，疏生皮刺，有时具白粉。单叶互生；叶片卵状披针形，长 4 ～ 9 厘米，宽 2 ～ 5 厘米，先端渐尖，基部心形；叶柄长 1 ～ 3 厘米，无毛，疏生小皮刺。花常 3 朵，有时超过 3 朵而成短总状花序，常顶生。聚合果红色，近球形，径约 1 厘米。花期 4—5 月，果期 5—6 月。生于山坡、路旁、溪边。

全株入药；活血散瘀，止血；治吐血、痔疮出血、跌打损伤。

山莓

Rubus corchorifolius L. f.

悬钩子属 *Rubus*　蔷薇科 Rosaceae

落叶直立小灌木。茎具稀疏针状弯皮刺。单叶互生；叶片卵形或卵状披针形，长 4 ~ 10 厘米，宽 2.0 ~ 5.5 厘米，先端渐尖，基部心形至圆形，不裂或 3 浅裂，边缘有不整齐重锯齿，基部有 3 脉；叶柄长 1 ~ 3 厘米，托叶线形，基部与叶柄合生，早落。花单生，稀数朵簇生短枝端；花瓣白色。聚合果球形。花期 2—3 月，果期 4—6 月。生于向阳山坡、路边、溪边或灌丛中。

根和叶入药。根活血，止血，祛风利湿；用于治疗吐血、便血、肠炎、痢疾、风湿关节痛、跌打损伤、月经不调。叶消肿解毒；外用治痈疖肿毒。

太平莓

Rubus pacificus Hance

悬钩子属 *Rubus* 蔷薇科 Rosaceae

常绿矮小灌木。茎无毛，有时分枝和叶柄散生小皮刺。单叶互生；叶片革质，宽卵形或长卵形，长 8 ~ 16 厘米，宽 5 ~ 15 厘米，先端渐尖，基部心形，边缘有具突尖头的锐锯齿，上面无毛，下面密被灰白色绒毛，基部具掌状五出脉；托叶大，叶状，长圆形，长达 2.5 厘米，与叶柄离生。花 3 ~ 8 朵成顶生短总状或伞房花序；花瓣白色。聚合果红色，球形。花期 6—7 月，果期 8—9 月。生于山坡灌丛中、林下和路旁草丛中。

全株入药；散瘀退热；治产后腹痛、发热。

掌叶覆盆子

Rubus chingii Hu

悬钩子属 *Rubus*　蔷薇科 Rosaceae

落叶灌木，高 2 ~ 3 米。幼枝绿色，无毛，有白粉，具少数皮刺。单叶；叶片近圆形，径 5 ~ 9 厘米，掌状 5 深裂，基部近心形，边缘重锯齿或缺刻，基部有 5 脉。花单生于短枝顶端或叶腋；花瓣白色。聚合果红色，球形，径 1.5 ~ 2.0 厘米，密被白色柔毛，下垂。花期 3—4 月，果期 5—6 月。生于山坡疏林、灌丛或山麓林缘。

果入药；补肝肾，缩尿，助阳，固精，明目；治阳痿、遗精、遗溺、虚劳、目暗。

翻白草

Potentilla discolor **Bunge**

委陵菜属 *Potentilla* 蔷薇科 Rosaceae

多年生草本，高 10 ~ 45 厘米。根粗壮、肥厚，呈纺锤形。茎密被白色棉毛。基生羽状复叶有小叶 5 ~ 9 枚，连叶柄长 4 ~ 20 厘米；小叶片长圆形，长 1 ~ 5 厘米，宽 0.5 ~ 0.8 厘米，先端圆钝，基部楔形或宽楔形，边缘具圆钝粗锯齿，下面密被白色棉毛，叶脉不明显；小叶无柄，茎生叶有小叶 3 枚；托叶草质，绿色。聚伞花序花数朵至多数，疏散；花瓣黄色，倒卵形，有副萼。花、果期均为 5—9 月。生于荒野、山谷、沟边、山坡草地及疏林下。

全草入药；清热解毒，止血消肿；治痢疾、疟疾、肺痈、咳血、吐血、下血、崩漏、痈肿、疮癣、瘰疬结核。

三叶委陵菜

Potentilla freyniana Bornm.

委陵菜属 *Potentilla* 蔷薇科 Rosaceae

多年生草本，高 8 ~ 25 厘米。茎细弱，花后生匍枝。三出复叶，基生叶通常比茎长或等长，连叶柄长 4 ~ 30 厘米；小叶片长圆形，先端急尖或圆钝，基部楔形，边缘有急尖锯齿。伞房状聚伞花序顶生，多花，松散；花径 0.8 ~ 1.0 厘米；花瓣淡黄色，有副萼。瘦果卵球形。花、果期均为 3—6 月。生于低山坡、荒野草地上或石缝边。

全草入药；清热解毒，收敛止血；主治骨结核、口腔炎、跌打损伤、外伤出血。

蛇含委陵菜

Potentilla kleiniana Wight et Arn.

委陵菜属 *Potentilla*　蔷薇科 Rosaceae

一年至多年生草本，长 20 ~ 50 厘米。茎上升或匍匐，柔弱，有时节处生根，并发育出新植株。掌状复叶，茎中、下部叶为 5 小叶，连叶柄长 3 ~ 20 厘米；小叶片倒卵形，长 0.5 ~ 4.0 厘米，宽 0.4 ~ 2.0 厘米，先端圆钝，锯齿锐尖；茎上部叶为 3 小叶。聚伞花序，花密集枝顶如假伞形，或呈疏松的聚伞状；花瓣黄色，倒卵形，先端微凹，有副萼。瘦果近圆形。花、果期均为 4—9 月。生于低山坡、旷野、溪边、路旁草地。

全草入药；清热解毒；主治疟疾、咳嗽、喉病、丹毒、痒症、蛇虫咬伤。

棣棠花

Kerria japonica (L.) DC.

棣棠花属 *Kerria*　蔷薇科 Rosaceae

落叶灌木，高 1 ~ 2 米。小枝绿色，圆柱形；嫩枝有棱，常拱垂，无毛。叶互生；叶片三角状卵形或宽卵形，先端长渐尖，基部圆形、截形或微心形，边缘有尖锐重锯齿，两面绿色。花单生于当年生侧枝顶端；花瓣黄色。瘦果褐色。花期 4—6 月，果期 6—8 月。生于山坡、林缘、溪边、路旁或灌丛中。

嫩枝叶及花入药；化痰止咳；治肺痨咳嗽、热毒疮、风湿性关节炎。

湖北海棠

Malus hupehensis (Pamp.) Rehder

苹果属 *Malus*　蔷薇科 Rosaceae

小乔木，高达 8 米。单叶互生；叶片卵形或卵状椭圆形，长 3 ~ 8 厘米，宽 1.8 ~ 3.6 厘米，先端急尖或渐尖，基部宽楔形，边缘有细锐锯齿，叶柄绿色，向阳面带紫红色。伞状花序具 4 ~ 6 朵花；花梗绿色，向阳面呈紫红色；花径 3.5 ~ 4.0 厘米，萼片绿色略带紫红色；花瓣粉红色或白色。果实黄绿色，稍带红晕。花期 4—5 月，果期 8—9 月。生于山坡或山谷林中。

嫩叶及果实入药；消积化滞，和胃健脾；主治食积停滞、消化不良、痢疾、疳积。

光叶石楠

Photinia glabra **(Thunb.) Maxim.**

石楠属 *Photinia* 蔷薇科 Rosaceae

常绿小乔木，高3～5米。老枝灰黑色，皮孔棕黑色，无毛。叶片革质，椭圆形或长圆形，长5～9厘米，宽2～4厘米，先端渐尖，基部楔形，边缘疏生浅钝细锯齿，两面无毛，侧脉10～18对；叶柄长1.0～1.5厘米，有1个至数个腺齿。复伞房花序顶生，径5～10厘米；花瓣白色。果实红色，卵形 。花期4—5月，果期9—10月。生于山坡杂木林中。

叶入药；清热利尿，消肿止痛；主治小便不利、跌打损伤、头痛。

石楠

Photinia serratifolia (Desf.) Kalkman

石楠属 *Photinia*　蔷薇科 Rosaceae

常绿灌木或小乔木，高 4 ~ 6 米。枝灰褐色，无毛。叶片革质，长椭圆形、长倒卵形或倒卵状椭圆形，长 9 ~ 22 厘米，宽 3.0 ~ 6.5 厘米，先端尾尖，基部圆形或宽楔形，边缘有具腺细锯齿，近基部全缘，侧脉 25 ~ 30 对；叶柄粗壮，长 2 ~ 4 厘米。复伞房花序顶生，径 10 ~ 16 厘米，花密集；花瓣白色。果实红色，后变紫褐色，球形。花期 4—5 月，果期 10 月。生于山坡杂木林中及山谷、溪边林缘等处。

叶入药，有小毒；祛风，通经，益肾；治风湿痹痛、腰背酸痛、足膝无力、偏头痛。

区别特征：本种与椤木石楠易混淆，石楠幼枝、总花梗和花梗无毛，椤木石楠幼枝、总花梗和花梗有稀疏平贴柔毛。

地榆

Sanguisorba officinalis L.

地榆属 *Sanguisorba* 蔷薇科 Rosaceae

多年生草本，高 30 ~ 120 厘米。根粗壮，多呈纺锤形，横切面黄白色或紫红色。羽状复叶，基生叶有小叶 9 ~ 13 枚；小叶片卵形或长圆状卵形，长 1 ~ 7 厘米，宽 0.5 ~ 3.0 厘米，先端圆钝，基部心形至浅心形，边缘有圆钝大锯齿；茎生叶托叶大，革质，半卵形，外侧边缘有锐锯齿。穗状花序椭圆形或圆柱形，直立，萼片紫红色，4 枚；雄蕊 4 枚。花、果期均为 7—10 月。生于山坡草地和灌草丛中。

根入药；凉血止血，解毒敛疮；用于治疗便血、痔血、血痢、崩漏、水火烫伤、痈肿疮毒。

龙牙草

Agrimonia pilosa Ledeb.

龙牙草属 *Agrimonia* 蔷薇科 Rosaceae

多年生草本，高30 ~ 60厘米。茎被疏柔毛及短毛。叶互生，奇数羽状复叶，有小叶7 ~ 9枚，大小相间；托叶草质，绿色，镰形。穗状总状花序顶生，花序轴被柔毛；花瓣黄色；雌蕊心皮多数离生，每个子房花柱2离生，丝状。花、果期均为5—10月。生于山坡、沟谷、路旁、山麓林缘草丛、灌丛及疏林下。

全草入药；收敛止血，截疟，止痢，补虚；治各种出血证、腹泻、痢疾、疟疾寒热、脱力劳伤。龙牙草的冬芽称为鹤草芽，具杀虫功效，对多种绦虫都有杀灭作用。

蛇莓

Duchesnea indica (Andr.) Focke

蛇莓属 *Duchesnea* 蔷薇科 Rosaceae

多年生伏地草本。匍匐茎纤细，有柔毛。叶互生，三出复叶；小叶片倒卵形至菱状长圆形，长 2.0 ~ 3.5 厘米，边缘有钝锯齿。花单生叶腋；有 5 枚副萼，花瓣黄色，倒卵形；雄蕊多数；心皮多数，离生；花托果期增大，海绵质，鲜红色。花期 4—5 月，果期 5—6 月。生于山坡、河岸、路旁潮湿处。

全草入药；清热解毒，凉血消肿；主治菌痢、感冒发热、咽喉肿痛、腮腺炎、毒蛇咬伤、烫伤、烧伤等；茎叶捣敷，治疗疔疮有特效。

柔毛路边青

Geum japonicum var. *chinense* F. Bolle

水杨梅属 *Geum* 蔷薇科 Rosaceae

多年生草本。茎直立，高 25 ~ 60 厘米，被黄色短柔毛及粗硬毛。基生叶为大头羽状复叶，通常有小叶 3 ~ 5 枚；下部茎生叶为 3 小叶，上部茎生叶为单叶，3 浅裂，裂片圆钝或急尖。花序疏散，顶生数朵花；花梗密被粗硬毛或短柔毛；花托上具黄色柔毛；花有副萼，花瓣黄色，雌蕊心皮多数离生，聚合果。花、果期均为 5—10 月。生于山坡草地、耕地边、河边、灌丛中或疏林下。

全草入药；补脾肾，祛风湿，消痈肿；治腹泻、痢疾、崩漏带下、风湿腰腿痛、跌打损伤。

蔓胡颓子

Elaeagnus glabra Thunb.

胡颓子属 *Elaeagnus* 胡颓子科 Elaeagnaceae

常绿藤状灌木，常无刺。幼枝密被锈色鳞片。叶互生；叶片革质，椭圆形，长 4 ~ 10 厘米，基部近圆形，全缘，微反卷，上面深绿色，具光泽，下面黄褐色至红褐色，被褐色鳞片。花下垂，淡白色，密被银白色和散生少数锈色鳞片，常 3 ~ 7 朵聚生于叶腋。果实长圆形，长 1.4 ~ 1.9 厘米，密被锈色鳞片，成熟时红色。花期 9—11 月，果期翌年 4—5 月。生于山坡向阳林中或杂木林中。

叶、果、根入药。叶平喘止咳，止血，解毒；主治咳喘、咯血、吐血、外伤出血、痈疽发背、痔疮。果消食止痢；用于治疗肠炎、痢疾、食欲不振。根活血止血，祛风利湿，止咳，解毒敛疮；主治吐血、便血、咯血、咽喉肿痛、跌打损伤。

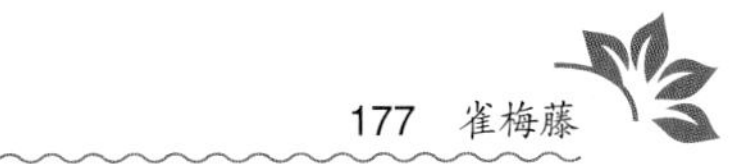

雀梅藤

***Sageretia thea* (Osbeck) Johnst.**

雀梅藤属 *Sageretia* 鼠李科 Rhamnaceae

灌木或呈藤状。当年生小枝密生褐色短柔毛。叶对生或近对生；叶片纸质，椭圆形或长圆形，长 1 ～ 4 厘米，宽 0.7 ～ 2.4 厘米，先端钝，中脉常伸出，基部圆形或近心形，边缘有密的细锯齿，侧脉 4 ～ 5 对，上面不明显下陷。花无梗，黄色，常数个簇生排成顶生或腋生疏散穗状或圆锥状穗状花序；子房 3 室，柱头 3 浅裂。核果圆形。花期 7—11 月，果期翌年 3—5 月。生于山坡、灌丛中。

根入药；降气化痰，祛风利湿；主治咳嗽、哮喘、胃痛、鹤膝风、水肿。

枳椇 拐枣

Hovenia dulcis Thunb.

枳椇属 *Hovenia* 鼠李科 Rhamnaceae

乔木，高 20 余米。小枝无毛，褐色或黑紫色。单叶互生；叶片纸质，椭圆状卵形、卵形，长 7 ~ 17 厘米，宽 4 ~ 11 厘米，先端短渐尖或渐尖，基部圆形或微心形，边缘具不整齐锯齿。花黄绿色，排成顶生和腋生的聚伞圆锥花序。核果近球形，熟时黑色；花序轴果期膨大。花期 5—7 月，果期 8—10 月。生于低山丘陵的山坡、谷地、杂木林中。

带肉质果梗的果实或种子入药；利水消肿，解酒毒；用于治疗水肿、酒醉。

多花勾儿茶

Berchemia floribunda (Wall.) Brongn.

勾儿茶属 *Berchemia*　鼠李科 Rhamnaceae

藤状落叶灌木。幼枝光滑无毛。叶互生；叶片椭圆形至长圆形，长达 11 厘米，宽 6.5 厘米，基部圆形，上面无毛，侧脉 9 ~ 14 对，两面稍凸起；托叶狭披针形。花多数，通常数朵簇生并排成顶生而具长分枝的宽大聚伞状圆锥花序，长达 15 厘米。核果圆柱形，长 0.7 ~ 1.0 厘米。花期 7—10 月，果期翌年 4—7 月。生于溪边、山坡灌丛中。

茎叶、根入药。茎叶凉血止血，清热利湿，解毒消肿；治衄血、黄疸、风湿腰痛、经前腹痛、伤口红肿。根健脾利湿，通经活络；治脾胃虚弱、食少、胃病、黄疸、水肿、风湿关节痛。

葎草

Humulus scandens (Lour.) Merr.

葎草属 *Humulus*　大麻科 Cannabaceae

多年生蔓性草本。茎具纵棱，茎和叶柄均有倒生小皮刺。叶对生；叶片纸质，近圆形，基部心形，通常掌状五深裂，五出掌状叶脉；托叶三角形。花单性，雌雄异株，花序腋生或顶生；雄花序圆锥状，花小，萼片 5 枚，绿色，雄蕊 5 枚，与萼片对生；雌花集成短穗状花序。花、果期均为 8—9 月。生于山坡路边、沟边、田野荒地，常成片蔓生。

全草入药；清热解毒，利尿消肿；治肺痨、肠胃炎、痢疾、感冒发热、小便不利、肾盂肾炎、急性肾炎、膀胱炎、泌尿系结石、痈疖肿毒、湿疹、毒蛇咬伤等。

紫弹树

Celtis biondii Pamp.

朴属 *Celtis* 大麻科 Cannabaceae

落叶乔木，高达 16 米。小枝红褐色，密被锈褐色绒毛，二年生枝暗褐色，无毛。单叶互生；叶片卵形，长 2.5 ~ 8.0 厘米，宽 2.0 ~ 3.5 厘米，先端渐尖，基部宽楔形稍偏斜，边缘中部以上有疏齿。核果 2 ~ 3 个，着生于叶腋，近球形，径 0.4 ~ 0.6 厘米，熟时橙红色；果梗长 1 ~ 2 厘米，总梗长 0.2 ~ 0.5 厘米。花期 4—5 月，果期 9—10 月。生于低山、丘陵山坡、山沟边杂木林中。

叶、根皮、茎枝入药。叶清热解毒；用于治疗疮毒溃烂。根解毒消肿，祛痰止咳；用于治疗乳痈肿痛、痰多咳喘。茎枝通络止痛；用于治疗腰背酸痛。

区别特征：紫弹树果 2 ~ 3 个生于叶腋，黑弹树果单生于叶腋；紫弹树果梗较叶柄长 2 倍，朴树果梗与叶柄等长。

鸡桑

Morus australis Poir.

桑属 *Morus* 桑科 Moraceae

落叶灌木或小乔木，高达15米。单叶互生；叶片卵圆形，长6.0～15.7厘米，宽4.0～12.3厘米，先端急尖或渐尖成尾尖，基部截形或近心形，边缘有粗锯齿，有时3～5裂，上面有粗糙短毛，下面脉上疏生短柔毛，脉腋无毛。花单性，雌雄异株；雌花花柱长，宿存，无毛。聚花果长1.0～1.5厘米，成熟时变暗紫色。生于路边或山坡上。

根、叶入药。叶辛凉解表，宣肺止咳；用于治疗风热感冒、肺热、咳嗽、头痛、咽痛。根清热利湿，凉血止咳；用于治疗肺热咳嗽、衄血、水肿、腹泻、黄疸。

桑

Morus alba L.

桑属 *Morus*　桑科 Moraceae

乔木，高达15米，胸径可达50厘米。有白色乳汁。叶片卵形或宽卵形，长5～20厘米，宽4～8厘米，先端急尖或钝，基部近心形，边缘有粗锯齿，上面无毛，有光泽。花单性，雌雄异株；雌花花柱2离生。聚花果长1.0～2.5厘米，成熟后黑紫色或白色；小果为瘦果，外被肉质花萼。花期4—5月，果期5—6月。栽于村旁、田间或山坡上。

皮、枝、叶、果均可入药。桑叶疏散风热，清肺润喉，平抑肝阳，清肝明目；主治风热感冒、温病初起、肺热燥咳。桑枝祛风湿，利关节；用于治疗风湿痹证。桑白皮泻肺平喘，利水消肿；用于治疗肺热咳喘、水肿。桑椹滋阴补血，生津润燥；用于治疗肝肾阴虚证、津伤口渴、消渴及肠燥便秘。

薜荔

Ficus pumila L.

榕属 *Ficus*　桑科 Moraceae

常绿木质藤本。幼时以不定根攀援于墙壁或树上，折断有白色乳汁。叶互生；叶二型：营养枝上的叶片小而薄，心状卵形；果枝上的叶片较大，革质，卵状椭圆形，长 4 ~ 10 厘米，全缘，网脉突起成蜂窝状。隐头花序长椭圆形，具短梗，单生于叶腋。花期 5—6 月，果期 9—10 月。常见攀援于树上、墙上或溪边岩石上。

茎、叶、果入药；通经催乳，祛风活络；茎、叶主治风湿性腰腿痛；果治缺奶、闭经。

无花果

Ficus carica L.

榕属 *Ficus* 桑科 Moraceae

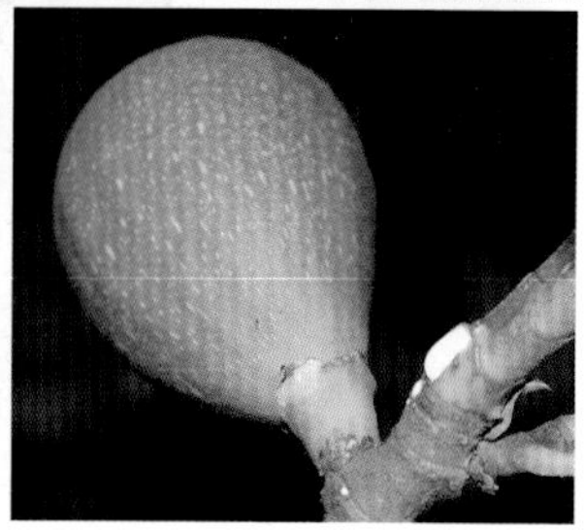

落叶灌木，高 3 ~ 10 米。叶互生；叶片厚纸质，卵圆形或宽卵形，长 10 ~ 24 厘米，宽 9 ~ 22 厘米，掌状 3 ~ 5 裂，边缘有不规则圆钝齿，上面粗糙，下面密生细小的乳头状突起及黄褐色短柔毛，基部浅心形，基生脉 2 ~ 5 条。隐头花序单生叶腋；花雌雄异序，雄花和瘿花同生于一隐头花序内，雄花生于内壁口部；雌花生于另一隐头花序内。隐花果大、梨形，熟时呈紫红色或黄色。果期 7—8 月。原产地中海；山区有零星栽培。

根、叶、隐花果入药。根清热解毒，散瘀消肿；治筋骨疼痛、痔疮、瘰疬。叶解毒消肿，清热利湿；治痔疮、肿毒。果健胃清肠，消肿解毒；治肠炎、痢疾、便秘、痔疮、喉痛、痈疮疥癣。

爬藤榕

Ficus sarmentosa var. *impressa* (Champ. ex Benth.) Corner

榕属 *Ficus* 桑科 Moraceae

常绿攀援灌木，长 2 ~ 10 米。叶互生；叶片革质，披针形或椭圆状披针形，长 3 ~ 9 厘米，宽 1 ~ 3 厘米，先端渐尖或长渐尖，基部圆形或楔形，上面光滑，下面粉绿色，下面网脉稍隆起，构成不显著的小凹点。隐头花序成对腋生，球形，径 0.4 ~ 0.7 厘米，无毛，有短梗。花期 4 月，果期 7 月。常攀援在岩石陡坡、树上或墙壁上。

根、茎入药；祛风除湿，行气活血；治风湿性关节炎、关节痛风。

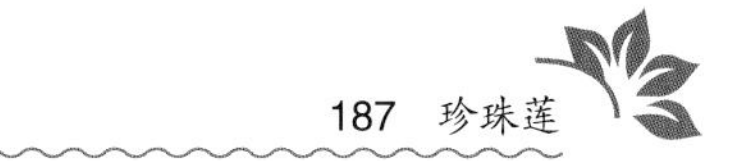

珍珠莲

Ficus sarmentosa var. *henryi* (King ex Oliv.) Corner

榕属 *Ficus*　桑科 Moraceae

常绿攀援或匍匐藤状灌木。幼枝密被褐色长柔毛，后变无毛。叶互生；叶片革质，椭圆形，或营养枝上的叶卵状椭圆形，长 6 ~ 12 厘米，宽 2 ~ 6 厘米，先端渐尖或尾尖，基部圆形或宽楔形，全缘或微波状，上面无毛，下面密被褐色柔毛或长柔毛，网脉隆起成蜂窝状，基生脉 3 条。隐头花序单生或成对腋生，雌雄异序。隐花果圆卵形或圆锥形。花期 4—5 月，果期 8 月。生于山坡、山麓及山谷溪边树丛中。

根入药；清热解毒，利湿；用于治疗小儿高热、肺炎、百日咳、膀胱炎、肠炎、痢疾。

构棘 葨芝

Maclura cochinchinensis (Lour.) Corner

柘属 *Maclura* 桑科 Moraceae

常绿直立或蔓生灌木，高 2 ~ 4 米。茎叶有白色乳汁，枝具粗壮的直立枝刺。叶互生；叶片革质，倒卵状椭圆形，长 3 ~ 8 厘米，全缘，两面无毛。头状花序，花序梗短；花雌雄异株，雌花具绿色花被片 4 枚。聚花果球形，肉质，橙红色，瘦果包在肉质的花萼和苞片中。花期 4—5 月，果期 9—10 月。生于山坡溪边灌丛中或山谷湿润林下。

根入药；祛风利湿，活血通经；主治肺痨、风湿性腰腿痛、跌打肿痛。

柘

Maclura tricuspidata Carrière

柘属 *Maclura* 桑科 Moraceae

落叶小乔木，高可达 10 米。茎有枝刺，茎叶有白色乳汁。叶片卵形至倒卵形，长 2.5 ~ 11.0 厘米，先端尖或钝，基部圆或楔形，全缘或有时 3 裂。花序成对或单生于叶腋，雌雄异株，雄花具绿色花被片 4 枚，雄蕊 4 枚；雌花具绿色花被片 4 枚，花柱 2 线形。聚花果球形，径约 2.5 厘米，橘红色或橙黄色，可食。花期 6 月，果期 9—10 月。多生于山脊石缝、山坡、路边及溪谷两岸灌丛中。

根入药，功效与蓖芝相同。

小构树

Broussonetia kazinoki Siebold et Zucc.

构属 *Broussonetia*　桑科 Moraceae

落叶灌木。小枝暗紫红色，有白色乳汁。叶互生；叶片卵形或长卵形，长 6 ~ 12 厘米，宽 4 ~ 6 厘米，先端长渐尖，基部圆，基部三出脉，边缘有锯齿，不裂，或 2 ~ 3 裂。花单性，雌雄同株；头状花序。聚花果球形，径约 1 厘米，小核果橙红色。花期 4 月，果期 6 月。生于山坡路边、山谷溪边。

嫩枝叶、树汁、根皮入药；祛风，活血，利尿；治风湿痹痛、虚肿、皮炎、跌打损伤。

小赤麻

Boehmeria spicata (Thunb.) Thunb.

苎麻属 *Boehmeria*　荨麻科 Urticaceae

半灌木，高 40 ~ 100 厘米。茎直立，赤色，自基部分枝，呈丛生状。叶对生，菱状卵形，长 2 ~ 7 厘米，宽 1.5 ~ 5.0 厘米，先端长尾状尖，边缘生 3 ~ 8 个三角形粗牙齿，基脉三出；叶柄赤色。花雌雄同株；团伞花序聚成穗状，腋生，长可达 10 厘米；雄花序生稍下部的叶腋，花小，淡绿色；雌花序生上部的叶腋，粉红色。瘦果倒卵形，为宿存的花被片所包。花期 6—8 月。生于山沟溪旁湿处。

根入药；消肿止痛；治湿疮、热毒疮疡、痔疮、疥癣、跌打损伤。

苎麻

Boehmeria nivea (L.) Gaudich.

苎麻属 *Boehmeria* 荨麻科 Urticaceae

半灌木，高可达 2 米。具横生的根状茎。叶互生；叶片宽卵形，长 5 ~ 16 厘米，先端渐尖或具尾状尖，基部宽楔形或截形，边缘具三角状的粗锯齿，下面密被交织的白色柔毛，基脉三出。花单性同株，团伞花序圆锥状，雄花序通常生于雌花序之下。花、果期均为 7—10 月。生于山坡、路边、沟旁或林下杂草丛中。

根及根茎入药；凉血止血，安胎，清热解毒；主治血热、出血证、胎动不安、胎漏下血、热毒痈肿。

雾水葛

Pouzolzia zeylanica (L.) Benn.

雾水葛属 *Pouzolzia*　荨麻科 Urticaceae

多年生草本，高可达 40 厘米。叶互生；叶片卵形，长 1.0 ~ 3.5 厘米，先端短尖，基部圆形，全缘，两面生粗伏毛，下面更密，上面生密点状钟乳体，基脉三出脉。花单性，团伞花序腋生，雌雄花生于同一花序上，雄花花被 4 裂，雄蕊 4 枚；雌花被管状，先端 4 裂。瘦果卵形，黑色。花、果期均为 3—10 月。生于潮湿的山坡、沟边及低山灌丛中。

全草入药；凉血祛湿，拔脓解毒；主治尿路感染、肠炎、痢疾；捣烂外敷疖肿。

三角形冷水花

Pilea swinglei Merr.

冷水花属 *Pilea* 荨麻科 Urticaceae

稍肉质草本。茎基部匍匐，高 5 ~ 20 厘米，少分枝。叶对生，干时薄纸质；叶片三角形或三角状卵形，长 1.0 ~ 2.5 厘米，宽 1 ~ 2 厘米，先端钝或短渐尖，基部宽楔形，圆形或微心形，边缘疏生粗锯齿，叶下面常具蜂窝状凹点，基脉三出，网脉不明显；叶柄长 0.5 ~ 2.0 厘米。花单性，雌雄同株或异株；聚成腋生的团伞花序；雄花序单生，雌花序双生。瘦果卵形，压扁。生于山谷、路旁和林下阴湿处。

全草入药；清热解毒，祛瘀止痛；主治疗肿痈毒、毒蛇咬伤、跌打损伤。

糯米团

Gonostegia hirta (Blume ex Hassk.) Miq.

糯米团属 *Gonostegia* 荨麻科 Urticaceae

多年生草本。茎匍匐或斜升，通常具分枝。叶片对生，卵状披针形，长 3 ~ 10 厘米，宽 1 ~ 4 厘米，先端渐尖，基部圆形或浅心形，全缘，基脉三出；叶柄短或近无柄。花淡绿色，单性同株；雄花簇生于上部的叶腋，雌花簇生于稍下部的叶腋。瘦果三角状卵形。花期 8—9 月，果期 9—10 月。生于山坡、溪旁或林下阴湿处。

全草入药；健脾消食，清热利湿，解毒消肿；治食积胃痛；外用治血管神经性水肿、疔疮疖肿、乳腺炎、跌打肿痛、外伤出血。

毛花点草

Nanocnide pilosa Migo

花点草属 *Nanocnide* 荨麻科 Urticaceae

多年生丛生草本，高 15 ~ 30 厘米。茎由基部分枝，生有向下弯曲的柔毛。叶互生，卵形或三角状卵形，长宽近相等，长 0.5 ~ 2.0 厘米，先端钝圆，边缘有粗钝的齿牙，基脉三出。花黄白色；雄花序生于枝梢叶腋，花序梗比叶短；雌花序生于上部叶腋，花序梗短或近于无梗。瘦果卵形，淡黄色，有点状突起。花、果期均为 4—6 月。生于山坡路旁阴湿处。

全草入药；清热解毒；捣敷治疮毒、痱疹。

短叶赤车　山椒草

Pellionia brevifolia **Benth.**

赤车属 *Pillionia*　荨麻科 Urticaceae

多年生草本。茎细长，长 10 ~ 30 厘米，下部匍匐生，上部斜升。叶互生；叶片卵形，长 0.4 ~ 2.0 厘米，边缘自基部以上有圆锯齿，近离基三出脉；叶柄短。花单性，雌雄异株；雄花序聚伞状；雌花序为团伞花序，无梗或具短的花序梗；雄花花被片 5 枚，雄蕊与花被片同数对生；雌花花被片 5 枚。生于林下、岩壁及溪边阴湿处。

全草入药；活血通络；主治关节扭伤肿痛、脉管炎。

楼梯草

Elatostema involucratum Franch. et Sav.

楼梯草属 *Elatostema*　荨麻科 Urticaceae

多年生草本，高 25 ~ 60 厘米。茎细弱，多水汁。叶片斜倒披针状长圆形，长 4 ~ 16 厘米，宽 2 ~ 6 厘米，先端尖或尾状尖，基部狭楔形或偏心形，边缘具牙齿；叶柄短或近于无柄。花单性，雌雄同株，雄花序头状，生于较下部的叶腋；花序梗长 0.2 ~ 2.0 厘米；雌花序头状，无花序梗，生于较上部的叶腋。瘦果卵形。花期 8—9 月。生于山谷沟边石壁或山坡林下。

全草入药；清热解毒，祛风除湿，利水消肿，活血止痛；主治赤白痢疾、高热惊风、黄疸、风湿痹痛、水肿、淋证、经闭、疮肿、带状疱疹、毒蛇咬伤、跌打损伤、骨折。

化香树

Platycarya strobilacea Siebold et Zucc.

化香树属 *Platycarya*　胡桃科 Juglandaceae

落叶小乔木，高 4 ~ 6 米。奇数羽状复叶，长 12 ~ 30 厘米，有小叶 7 ~ 11 枚；小叶对生或上部互生，无柄；叶片卵状披针形，长 2.3 ~ 14.0 厘米，宽 0.9 ~ 4.8 厘米，先端渐尖，基部近圆形偏斜，边缘有细尖重锯齿。花单性，同株。雄花序成柔荑花序，生于新枝基部。果序卵状椭圆形，长 3.0 ~ 4.3 厘米。花期 5—6 月，果期 10 月。生于低山坡混交林或灌丛中。

叶入药；解毒，止痒，杀虫；用于治疗疮疔肿毒、阴囊湿疹、顽癣。

盒子草 合子草

Actinostemma tenerum Griff.

盒子草属 *Actinostemma* 葫芦科 Cucurbitaceae

一年生柔弱缠绕草本。茎纤细。卷须细，二歧。叶片心状戟形，长 3 ~ 12 厘米，宽 2 ~ 8 厘米，先端渐尖，基部弯缺半圆形或心形，边缘波状或有疏齿；叶柄细长，被短柔毛。雄花组成圆锥状花序，雄蕊 5 枚。雌花单生或双生，花梗具关节。子房卵形，有疣状突起。果卵形，长 1 ~ 2 厘米，自近中部环状盖裂。花期 7—9 月，果期 9—11 月。生于水边草丛中。

全草入药；利尿消肿，清热解毒；用于治疗肾炎水肿、湿疹、疮疡肿毒。

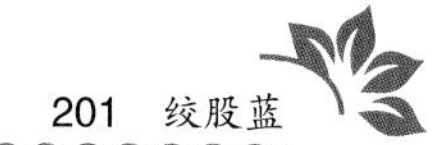

绞股蓝

Gynostemma pentaphyllum (Thunb.) Makino

绞股蓝属 *Gynostemma* 葫芦科 Cucurbitaceae

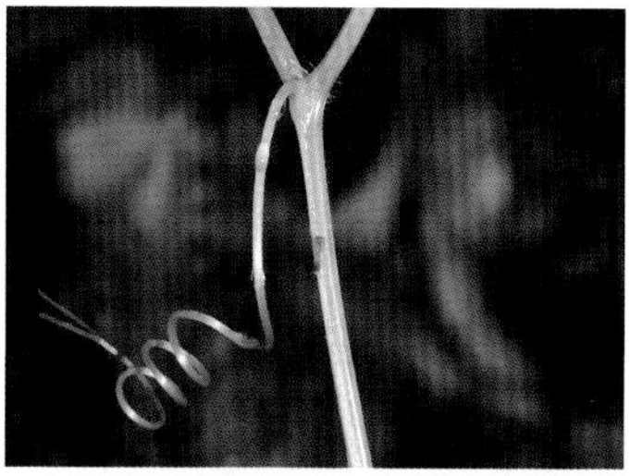

多年生草质攀援植物。茎柔弱有棱，卷须常二歧或不分叉。鸟足状复叶，互生，通常有 5 ~ 7 小叶；小叶片卵状长圆形或披针形，中央小叶较大，长 3 ~ 12 厘米。花单性异株。雄花：组成圆锥花序，花冠淡绿色或白色，雄蕊 5 枚；雌花：组成的圆锥花序比雄花短小，花萼和花冠与雄花相同。果实肉质不裂，球形，成熟后黑色。花期 7—9 月，果期 9—10 月。生于山坡疏林、灌丛中或路旁草丛中。

全草入药；益气健脾，化痰止咳，清热解毒；主治脾虚证、肺虚咳嗽证；可用于治疗肿瘤而有热毒之证。

栝楼

Trichosanthes kirilowii **Maxim.**

栝楼属 *Trichosanthes*　葫芦科 Cucurbitaceae

多年生草质藤本。块根圆柱形，粗大、肥厚。茎具纵棱及槽。卷须腋生，细长，3 ~ 7 歧。叶互生；叶片近圆形或心形，长 5 ~ 20 厘米，基部心形，通常 3 ~ 7 掌状浅裂或中裂，具基出掌状 3 ~ 5 脉。花单性异株；花冠白色，5 裂，先端撕裂状。果近球形，径 6 厘米，成熟时橙红色，光滑。花期 6—8 月，果期 8—10 月。生于向阳山坡、山脚、路边、田野草丛中。

果皮（瓜蒌皮）、种子（瓜蒌子）及根（天花粉）入药。天花粉清热泻火，生津止渴，消肿排脓；用于治疗热病烦渴、肺热燥咳、内热消渴、疮疡肿毒。瓜蒌皮清热化痰，宽胸理气。瓜蒌子润燥化痰，润肠通便。

秋海棠

Begonia grandis Dryand.

秋海棠属 *Begonia*　秋海棠科 Begoniaceae

多年生草本，高 0.6 ~ 1.0 米，具球形的块茎。茎直立，多分枝，无毛。叶互生，叶腋间常生珠芽；叶片宽卵形，长 8 ~ 25 厘米，宽 6 ~ 20 厘米，基部偏心形，边缘尖波状，具细尖齿，上面绿色，下面叶脉及叶柄均带紫红色。聚伞花序生于上部叶腋，有多花；花淡红色，雄花，花被片 4 枚，雄蕊多数；雌花稍小，花被片 5 枚，花柱 3 枚，基部合生，柱头叉裂，裂片螺旋状扭曲。花期 8—9 月。生于山地林下阴湿处。

块茎和果实入药；活血散瘀，调经止血；治跌打损伤、吐血、痢疾、月经不调、崩漏、喉痛。

南蛇藤

Celastrus orbiculatus Thunb.

南蛇藤属 *Celastrus* 卫矛科 Celastraceae

落叶藤状灌木，长 3 ~ 4 米。小枝四棱形，深褐色；皮孔近圆形，散生；髓实心，白色；冬芽褐色，最外两枚芽鳞片呈卵状三角形刺。叶互生；叶片纸质，倒卵形或椭圆状倒卵形，长 6 ~ 10 厘米，宽 5 ~ 7 厘米，边缘具粗锯齿。圆锥状聚伞花序腋生，具 5 ~ 7 花；花单性异株，黄绿色，萼片卵状三角形；花瓣长圆形至倒披针形，边缘啮蚀状。蒴果近球形，黄色。花期 4 月，果期 8—9 月。生于山谷沟边灌木丛中。

藤茎入药；祛风除湿，通经止痛，活血解毒；治风湿性关节炎、跌打损伤、无名肿毒。

扶芳藤

Euonymus fortunei (Turcz.) Hand.-Mazz.

卫矛属 *Euonymus* 卫矛科 Celastraceae

常绿匍匐或攀援灌木，高 2 ~ 5 米。小枝绿色，圆柱形，密布细瘤状皮孔。叶对生；叶片革质，宽椭圆形至长圆状倒卵形，长 5.0 ~ 8.5 厘米，宽 1.5 ~ 4.0 厘米，边缘有钝锯齿。聚伞花序具多数花，花盘近方形，雄蕊花丝长约 0.2 厘米，着生在花盘的四角边缘，花药黄色。蒴果近球形，淡红色。花期 6—7 月，果期 10 月。生于溪边山谷林缘，常缠绕树上或岩石上。

带叶茎枝入药；舒筋活络，止血散瘀；治疗腰肌劳损、关节酸痛、风湿痹痛、跌打损伤、月经不调、骨折、创伤出血。

肉花卫矛

Euonymus carnosus Hemsl.

卫矛属 *Euonymus* 卫矛科 Celastraceae

半常绿乔木或灌木，高3 ~ 10米。小枝圆柱形，绿色。叶片近革质，通常长圆状椭圆形，长4 ~ 17厘米，宽2.5 ~ 9.0厘米，先端急尖，基部阔楔形，边缘具细锯齿。聚伞花序有花5 ~ 15朵；花淡黄色。蒴果近球形，具4翅棱，淡红色。花期5—6月，果期8—10月。生于山坡林地中。

民间以本种树皮代杜仲入药，治疗腰膝疼痛。

卫矛

Euonymus alatus (Thunb.) Siebold

卫矛属 *Euonymus*　卫矛科 Celastraceae

落叶灌木，高 1 ~ 3 米。小枝具 4 棱，通常具棕褐色宽阔木栓翅，翅宽可达 1.2 厘米。叶对生；叶片纸质，倒卵形或椭圆形，长 1.5 ~ 7.0 厘米，宽 0.8 ~ 3.5 厘米，先端急尖，基部楔形，叶柄长 0.1 ~ 0.2 厘米，或几无柄。聚伞花序腋生，有 3 ~ 5 花；花淡黄绿色，4 基数；花盘方形肥厚，4 浅裂，雄蕊着生于花盘边缘；子房 4 室。花期 4—6 月，果期 9—10 月。生于沟谷、山坡阔叶混交林中以及林缘或草地。

干燥茎的翅状物入药，称为鬼箭羽；破血通经，解毒消肿，杀虫；用于治疗月经不调、产后瘀血腹痛、跌打损伤肿痛。

山酢浆草

Oxalis griffithii Edgeworth et Hook. f.

酢浆草属 *Oxalis*　酢浆草科 Oxalidaceae

多年生草本。根茎斜卧，无地上茎。叶基生，掌状三出复叶；叶柄长达 18 厘米；小叶片倒三角形，长 1.2 ～ 4.0 厘米，宽 2.3 ～ 5.0 厘米，先端微凹，两角圆钝，基部宽楔形，无小叶柄。花单生；花瓣淡紫色或白色，5 枚；雄蕊 10 枚，5 长 5 短；花柱 5 枚。蒴果椭圆形。花期 3—4 月，果期 8—10 月。生于常绿阔叶林下阴湿地或山谷沟边草丛中。

全草入药；清热利尿，散瘀消肿；主治肾炎血尿、疖肿、鹅口疮、跌打损伤。

酢浆草

Oxalis corniculata L.

酢浆草属 *Oxalis*　酢浆草科 Oxalidaceae

多年生伏地草本，长可达 50 厘米，被白色柔毛。叶互生，掌状三出复叶；叶柄细长，长 2.0 ~ 6.5 厘米；小叶片倒心形，长 0.5 ~ 1.3 厘米，无小叶柄。伞形状聚伞花序腋生，萼片 5 枚；花瓣黄色，5 枚；雄蕊 10 枚；花柱 5 裂。蒴果近圆柱形，长 1 ~ 2 厘米。花、果期均为 4—11 月。生于房前屋后、路边田野等处。

全草入药；清热，凉血，安神；主治感冒发热、肠炎腹泻、尿路感染、神经衰弱；鲜品捣烂外敷治跌打损伤、毒蛇咬伤。

区别特征：酢浆草有地上茎，小叶片倒心形，花黄色；山酢浆草无地上茎，小叶片倒三角形，花白色或淡紫色。

地耳草

Hypericum japonicum Thunb. ex Murray

金丝桃属 *Hypericum*　金丝桃科 Hypericaceae

一年生草本，高 6 ~ 40 厘米，无毛。茎纤细，具 4 棱。叶对生；叶片卵圆形，长 0.3 ~ 1.5 厘米，先端钝，基部抱茎，无叶柄，基出 3 脉。聚伞花序顶生；花小，黄色；花瓣与萼片宿存；雄蕊 10 ~ 30 枚，宿存；侧膜胎座，花柱 3 枚，分离。蒴果椭圆形，成熟时裂为 3 果瓣。花期 5—7 月，果期 7—9 月。生于山麓沟边、向阳山坡潮湿处及田野中。

全草入药；清热解毒，活血消肿，利湿退黄；主治黄疸、痈肿、跌打损伤。

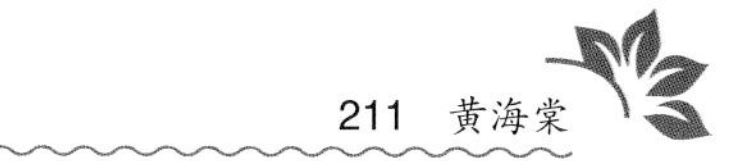

黄海棠

Hypericum ascyron L.

金丝桃属 *Hypericum*　金丝桃科 Hypericaceae

多年生草本，高 0.8 ~ 1.3 米，全株光滑无毛。茎直立，具 4 棱，淡棕色，上部具分枝。叶片宽披针形或长圆状披针形，长 5 ~ 10 厘米，宽 1 ~ 3 厘米，基部抱茎，全面密布透明腺点，无叶柄，无黑色腺点。花数朵成顶生的聚伞花序；花大，金黄色，径约 3 厘米。蒴果圆锥形。花期 6—7 月，果期 8—9 月。生于山坡林下或草丛中。

全草入药；平肝，止血，败毒，消肿；治头痛、吐血、跌打损伤、疮疖。

金丝梅

Hypericum patulum Thunb. ex Murray

金丝桃属 *Hypericum* 金丝桃科 Hypericaceae

灌木，高 0.5 ~ 1.0 米，光滑无毛。小枝具 2 纵线棱。叶片卵圆形或卵状长圆形，长 2.5 ~ 5.0 厘米，宽 1.0 ~ 2.5 厘米，先端钝圆或急尖，基部近圆形或渐狭，全面散布透明腺点及短腺条；叶柄极短。花单生或数朵组成顶生聚伞花序；花大，金黄色，径 2.5 ~ 4.0 厘米；雄蕊极多数，基部合生为 5 束，长约为花瓣的一半；子房 5 室，花柱 5 枚，分离。花期 5—7 月，果期 8—10 月。生于山坡、路边灌草丛及水沟边。

全株入药；清热利湿，解毒，疏肝通络，祛瘀止痛；主治湿热淋病、肝炎、感冒、扁桃体炎、疝气偏坠、筋骨疼痛、跌打损伤。

金丝桃

Hypericum monogynum L.

金丝桃属 *Hypericum*　金丝桃科 Hypericaceae

半常绿小灌木，高达 1 米，全株光滑无毛。小枝圆柱形，红褐色。叶对生；叶片长椭圆形或长圆形，长 3 ~ 8 厘米，宽 1 ~ 3 厘米，先端钝尖，基部渐狭而稍抱茎，下面粉绿色，密布透明腺点；几无叶柄。花单生或组成顶生聚伞花序；花大，金黄色；雄蕊多数，基部合生为 5 束，与花瓣等长或稍长；子房 5 室。蒴果卵圆形，成熟时顶端 5 裂，具宿存花柱和萼片。花期 6—7 月，果期 8—9 月。栽培，生于村落附近的山麓、路边及溪沟边。

全株入药；清热解毒，祛风消肿；用于治疗急性咽喉炎、结膜炎、肝炎、蛇咬伤。

小连翘

Hypericum erectum Thunb. ex Murray

金丝桃属 *Hypericum* 金丝桃科 Hypericaceae

多年生草本，高 20 ~ 90 厘米。茎圆柱形。叶对生，无柄；叶片狭长椭圆形，长 1.5 ~ 4.0 厘米，基部心形抱茎，全缘；叶下面散布黑色腺点。聚伞花序，花瓣深黄色，萼片与花瓣均有黑色腺条纹。花期 7—8 月，果期 8—9 月。生于山野或山坡路边草丛中。

全草入药；解毒消肿，止血，调经，散瘀止痛；主治吐血、衄血、子宫出血、月经不调、乳汁不通、疖肿、跌打损伤；鲜叶捣烂外敷治外伤出血。

元宝草

Hypericum sampsonii Hance

金丝桃属 *Hypericum*　金丝桃科 Hypericaceae

多年生草本，高 40 ~ 70 厘米，光滑无毛。茎圆柱形，无腺点。叶对生；叶片长椭圆状披针形，长 3.0 ~ 6.5 厘米；对生叶基部合生为一体，而茎贯穿其中心，两叶略向上斜而呈元宝状，全面散布黑色斑点及透明腺点。聚伞花序；花小，黄色；萼片散布黑色斑点和透明腺点；雄蕊多数，花药具黑色腺点。蒴果卵圆形，散布有黄褐色卵珠状囊状腺体。花期 6—7 月，果期 7—9 月。生于山坡草丛中或旷野路旁阴湿处。

全草入药；通经活络，清热解毒，凉血止血；主治小儿高热、痢疾、肠炎、吐血、尿血、衄血、月经不调；外用治外伤出血、跌打损伤、乳腺炎、烧烫伤、毒蛇咬伤。

如意草　堇菜

Viola arcuata Blume

堇菜属 *Viola*　堇菜科 Violaceae

多年生草本，全株无毛。茎数枚丛生，直立，高 15 ~ 30 厘米。茎生叶具短柄，托叶离生，边缘疏生小齿或近全缘；叶片心形或三角状心形，长 2.5 ~ 6.0 厘米，宽 2 ~ 5 厘米，先端急尖，基部心形至箭状心形，边缘具浅钝锯齿。花腋生；花梗长于叶，苞片位于花梗的中上部；花瓣白色，具紫色条纹。蒴果长圆形。花期 4—5 月，果期 5—8 月。生于山区路边草地、宅旁。

全草入药；清热解毒，散瘀止血；主治疮疡肿毒、乳痈、跌打损伤、开放性骨折、外伤出血、毒蛇咬伤。

紫花地丁

***Viola philippica* Cav.**

堇菜属 *Viola*　堇菜科 Violaceae

多年生无茎草本，全株被白色短柔毛。托叶大部与叶柄合生，披针形，淡绿色或苍白色，分离部分具疏齿；叶片舌形或卵状披针形，长 2 ~ 7 厘米。花梗在花期与叶等长或长于叶，果期短于叶；花瓣蓝紫色，下瓣连距长 1.4 ~ 1.8 厘米，距细管状，子房无毛，柱头顶面微凹，前方具短喙。蒴果椭圆形或长圆形。花期 3—4 月，果期 5—10 月。生于平原及山地路边草地。

全草入药；清热解毒，凉血消肿；主治疔疮肿毒、痈疽发背、丹毒及毒蛇咬伤。

紫花堇菜

Viola grypoceras A. Gray

堇菜属 *Viola*　堇菜科 Violaceae

多年生草本，全株无毛。茎直立，高 10 ~ 20 厘米。托叶离生，披针形，边缘栉齿状深裂；基生叶较小，具长柄，叶片圆心形或卵状心形，长 2 ~ 3 厘米，先端钝，下面有时带紫色；茎生叶较大，具短柄，叶片三角状心形至披针状心形，长 3 ~ 7 厘米，先端渐尖至长渐尖，边缘具浅钝锯齿。花腋生；花梗常长于叶柄；花瓣淡紫色或紫白色。蒴果椭圆形，长约 1 厘米。花期 3—4 月，果期 5—6 月。

全草入药；清热解毒，止血化瘀；用于治疗咽喉红肿、疔疮肿毒、刀伤出血、跌打损伤、蛇咬伤。

长萼堇菜

Viola inconspicua Blume

堇菜属 *Viola*　堇菜科 Violaceae

多年生无茎草本，高 6 ~ 18 厘米，全株无毛。根状茎极短，具黄白色的主根。叶基生，托叶大部与叶柄合生，披针形，具紫褐色斑点，分离部分近全缘或具疏细齿；叶片三角状卵形，长 2 ~ 5 厘米，果期增大，两侧垂耳渐扩展呈头盔状或犁头状，边缘具浅钝锯齿。花梗在花期长于叶，果期短于叶。花瓣淡紫色，下瓣连距长约 1.2 厘米，距粗筒状，长 0.25 ~ 0.30 厘米。蒴果椭圆形至长圆形。花期 3—4 月，果期 5—10 月。生于路旁、沟边及山地疏林下。

全草入药：清热解毒，拔毒消肿；主治急性结膜炎、咽喉炎、疥疮肿毒、乳腺炎、毒蛇咬伤。

铁苋菜

Acalypha australis L.

铁苋菜属 *Acalypha* 大戟科 Euphorbiaceae

一年生草本，高 30 ~ 60 厘米。叶互生；叶片卵形至椭圆形，长 3 ~ 9 厘米，先端渐尖，基部宽楔形，基出 3 脉。穗状花序腋生；雄花簇生于花序上部，雄蕊 8 枚；雌花生于花序下部，有叶状肾形苞片，子房 3 室，花柱 3 枚，枝状分裂。蒴果三角状半圆形。花期 7—9 月，果期 8—10 月。生于山坡、沟边、路旁及田野中。

全草入药；清热利湿，收敛止血；主治肠炎、痢疾、吐血、衄血、便血；外用治痈疖疮疡、皮炎、湿疹。

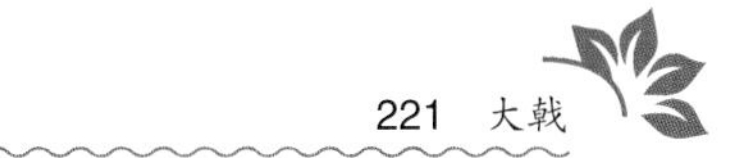

大戟

***Euphorbia pekinensis* Rupr.**

大戟属 *Euphorbia*　大戟科 Euphorbiaceae

多年生草本，高可达 70 厘米。茎直立，有白色乳汁。叶互生；叶片长椭圆状披针形至披针形，长 3 ~ 8 厘米，宽 0.5 ~ 1.5 厘米，先端钝或尖，基部渐狭，全缘或具稀疏细锯齿。花序基部有轮生叶 5 枚。杯状聚伞花序顶生或腋生。蒴果三棱状球形。花期 5—6 月。生于山坡、路旁、荒地及疏林下。

根入药，称京大戟，有毒；泻水逐饮，消肿散结；主治水肿、痰饮、瘰疬、痈疽肿毒。

地锦草

Euphorbia humifusa Willd.

大戟属 *Euphorbia*　大戟科 Euphorbiaceae

一年生草本,长 10 ~ 30 厘米。有白色乳汁。茎匍匐,纤细,常带紫红色,近基部多分枝。叶对生;叶片长圆形,长 0.5 ~ 1.5 厘米,宽 0.3 ~ 0.8 厘米,先端钝圆,基部常偏斜,边缘有细锯齿;托叶深裂,裂片线形。杯状花序单生于叶腋;总苞浅红色,子房 3 室。蒴果三棱状球形。花期 6—10 月,果实 7 月渐次成熟。生于荒地、路旁、田间。

全草入药;清热解毒,利湿退黄,凉血止血,活血散瘀;主治痢疾、泄泻、黄疸、咳血、吐血、尿血、便血、崩漏、乳汁不下、跌打肿痛及热毒疮疡。

泽漆

***Euphorbia helioscopia* L.**

大戟属 *Euphorbia*　大戟科 Euphorbiaceae

二年生草本，高 10 ~ 30 厘米。有白色乳汁。茎基部常带紫红色，多分枝。叶互生；叶片倒卵形或匙形，长 1 ~ 2 厘米，宽 0.5 ~ 1.5 厘米，向下逐渐变小，先端圆钝或微凹，基部楔形，边缘中部以上有细锯齿；无柄；花序基部有 5 枚轮生叶。多歧聚伞花序顶生，通常有 5 枚伞梗，每伞梗再分出 2 ~ 3 枚小伞梗。蒴果球形。花期 4—5 月，果期 5—8 月。生于沟边、路旁。

全草入药；利水消肿，化痰止咳，解毒散结；用于治疗水肿证、咳喘证、瘰疬、癣疮。本品有毒。

白背叶

Mallotus apelta (Lour.) Müll. Arg.

野桐属 *Mallotus* 大戟科 Euphorbiaceae

灌木或小乔木，高 2 ~ 3 米。小枝、叶柄、叶背和花序均密被白色或淡黄色星柔毛和散生橙红色腺体。单叶互生；叶片宽卵形，长 5 ~ 10 厘米，先端渐尖，基部圆形；叶背面灰白色，密被星柔毛；叶脉 3 出，基部有 2 腺体。穗状花序顶生；花单性同株；雄花萼片 4 枚，雄蕊多数；雌花花萼 5 裂，子房 3 室，花柱 3 枚。蒴果近球形，密生软刺及星柔毛。花期 5—6 月，果期 8—10 月。生于低山坡杂木林中。

根、叶入药；根具有柔肝活血、健脾化湿、收敛固脱的功效；主治慢性肝炎、脾大、肠炎腹泻、脱肛、子宫下垂。叶具有消炎止血的功效；主治中耳炎、疖肿、跌打损伤、外伤出血。

山乌桕

***Triadica cochinchinensis* Lour.**

乌桕属 *Triadica*　大戟科 Euphorbiaceae

落叶乔木，高可达 14 米。有白色乳汁。叶互生；叶片椭圆状卵形，长 5 ~ 10 厘米，长是宽的 2 倍或以上，全缘。叶柄顶端有 2 腺体。总状花序顶生，长 4 ~ 9 厘米；雄花多数，生于花序上部，通常每苞片内有 5 ~ 7 朵花，雄蕊 2 枚；雌花少数，单生于花序基部的苞片内。蒴果黑色，宽卵形，成熟时分裂成 3 个 2 裂的分果瓣。花期 5—6 月，果期 7—9 月。生于山坡混交林中。

根皮、树皮及叶入药，有小毒；散瘀，消肿，泻下逐水；根皮、树皮主治肾炎水肿、肝硬化腹水、大小便不通；叶外用主治跌打扭伤、湿疹、带状疱疹、过敏性皮炎、毒蛇咬伤。

乌桕

Triadica sebifera (L.) Small

乌桕属 *Triadica*　大戟科 Euphorbiaceae

落叶乔木，高达 15 米；有乳汁。叶片纸质，菱形，长 3 ~ 7 厘米，先端突尖或渐尖，基部楔形，全缘，无毛。总状花序顶生，长 5 ~ 15 厘米；雄花小，常 10 ~ 15 朵簇生于花序上部的苞片内，雄蕊 2 枚；雌花少数，生于花序基部的苞片内，着生处两侧各有 1 腺体，花萼 3 裂，子房 3 室，花柱 3 枚。蒴果木质，梨状球形。花期 5—6 月，果期 8—10 月。栽培，原产华中、华南及西南地区。

根皮、树皮和叶入药，有小毒；杀虫，解毒，利尿，通便；主治水肿、大小便不利、痈疮、乳腺炎、蛇咬伤、湿疹、皮炎。

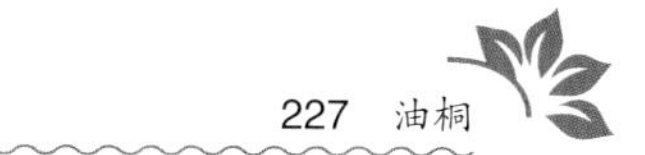

油桐

Vernicia fordii (Hemsl.) Airy Shaw

油桐属 *Vernicia*　大戟科 Euphorbiaceae

落叶乔木，高3～8米。叶互生；叶片卵形或宽卵形，长10～20厘米，宽4～15厘米，基部截形或心形，全缘或有时3浅裂；叶柄长达12厘米，顶端有2红色腺体。圆锥状聚伞花序顶生；单性同株；花先叶开放；花瓣白色，有淡红色条纹，5枚。核果球形，表面光滑。花期4—5月，果期7—10月。栽培，原产长江流域。

根、叶、种子均入药，有小毒；消肿解毒，消积散结，祛风利咽；治风痰喉痹、瘰疬、疥癣、烫伤、丹毒、食积腹胀、大小便不通。

算盘子

Glochidion puberum (L.) Hutch.

算盘子属 *Glochidion* 叶下珠科 Phyllanthaceae

落叶灌木，高 1 ~ 2 米。小枝被锈色短柔毛。叶互生；叶片长椭圆形，长 3 ~ 8 厘米，先端短尖或钝，基部宽楔形，全缘。雌雄同株；花数朵簇生于叶腋；雄花位于小枝上部或雌、雄花同生于一叶腋内；雄花，雄蕊 3 枚，合生成柱状；雌花花柱合生成环状。蒴果扁球形。种子成熟时红褐色，三角状卵形。花期 5—6 月，果期 6—10 月。生于山地灌丛中。

果实入药；清热除湿，解毒利咽，行气活血；主治痢疾、泄泻、黄疸、疟疾、淋浊、带下、咽喉肿痛、牙痛、疝痛、产后腹痛。

青灰叶下珠

Phyllanthus glaucus **Wall. ex Müll. Arg.**

叶下珠属 *Phyllanthus*　叶下珠科 Phyllanthaceae

落叶灌木，高 1.5 ~ 2.5 米，小枝光滑无毛。叶互生；叶片椭圆形，长 2 ~ 5 厘米，先端有小尖头，基部圆形或宽楔形，全缘或微波状，上面绿色，下面青灰色，两面无毛。花簇生于叶腋；单性同株；无花瓣；雄花：萼片 5 枚，雄蕊 5 枚，花丝全部分离；雌花：通常 1 朵着生于雄花丛中，萼片 5 枚，子房 3 室，花柱 3 枚。浆果熟时黑紫色，球形。花期 5—6 月，果熟期 9—10 月。常生于低山杂木林中。

根入药；祛风除湿，健脾消积；主治小儿疳积、风湿痹痛。

叶下珠

Phyllanthus urinaria L.

叶下珠属 *Phyllanthus* 叶下珠科 Phyllanthaceae

一年生草本，高 20 ~ 60 厘米。茎直立，具翅状条棱，常带紫红色。单叶互生，呈 2 列；叶片长圆形，长 0.7 ~ 1.8 厘米，先端钝或有小尖头，基部圆形或宽楔形，常偏斜，全缘，上面绿色，下面灰白色，两面近无毛；几无柄；托叶膜质，2 枚，三角状披针形。花单性同株；雄花，2 ~ 3 朵簇生于茎上部的叶腋，萼片 6 枚，雄蕊 3 枚；雌花单生于叶腋，萼片 6 枚。蒴果扁球形，表面有小鳞片状突起。花期 5—7 月，果期 7—10 月。生于山坡、田间、路旁草丛中。

全草入药；清热解毒，利水消肿，明目；主治痢疾、泄泻、黄疸、水肿、热淋、石淋、目赤、夜盲、疳积、痈肿、毒蛇咬伤。

野老鹳草

Geranium carolinianum L.

老鹳草属 *Geranium*　牻牛儿苗科 Geraniaceae

一年生草本，高 10 ~ 80 厘米。茎幼时直立，后平伏或斜升，基部分枝。叶在茎下部的互生，上部的对生；叶片圆肾形，长 2 ~ 3 厘米，宽 4 ~ 7 厘米，掌状 5 ~ 7 深裂，裂片再 3 ~ 5 浅裂至中裂。花成对集生于茎顶或上部叶腋；花瓣淡红色，5 枚；雄蕊 10 枚；子房 5 室。蒴果顶端有长喙。花期 4—5 月，果期 7—8 月。生于荒野、路旁、田园或沟边。

地上部分入药；祛风湿，通经络，止泻痢；治风湿痹痛、麻木拘挛、筋骨酸痛、痢疾泄泻。

老鹳草

Geranium wilfordii Maxim.

老鹳草属 *Geranium*　牻牛儿苗科 Geraniaceae

多年生草本，高30～80厘米。叶对生；叶片肾状三角形，长3～5厘米，宽4～6厘米，基部微心形，通常3深裂或中裂，中间裂片稍大，菱状卵形，先端渐尖，边缘有缺刻状牙齿。花2朵；花小，径约1厘米；花瓣淡红色至白色，有5条紫红色脉纹。蒴果长约2厘米。花期7—8月，果期8—10月。生于山坡草地、林下、林缘、溪边、路旁或灌丛中。

用途同野老鹳草。

中日老鹳草　东亚老鹳草

Geranium thunbergii **Siebold et Zucc.**

老鹳草属 *Geranium*　牻牛儿苗科 Geraniaceae

多年生草本，高 30 ~ 50 厘米。茎平卧或斜升，近方形，多分枝，有倒生柔毛。叶对生；叶片肾状五角形或三角状近圆形，长 2 ~ 3 厘米，宽 2.0 ~ 5.5 厘米，3 ~ 5 深裂，裂片宽卵形或倒卵形，有齿状缺刻或浅裂。花序腋生，有花 2 朵；花小，径 1.0 ~ 1.5 厘米；花瓣紫红色。蒴果连花柱长约 2 厘米。花期 6—7 月，果期 8—10 月。生于山坡、路旁、田野潮湿处。

全草入药；强筋骨，祛风湿，收敛止泻。

区别特征：野老鹳草叶片圆肾形，花淡红色；中日老鹳草叶片肾状五角形或三角状近圆形，花紫红色；老鹳草叶片肾状三角形，花淡红色。

千屈菜

Lythrum salicaria L.

千屈菜属 *Lythrum*　千屈菜科 Lythraceae

多年生直立草本，高 30 ~ 100 厘米。枝 4 棱而略具翅。叶对生；叶片披针形或宽披针形，长 3 ~ 7 厘米，宽 0.4 ~ 1.5 厘米，先端急尖，基部圆形或心形，全缘，无柄。花簇生于苞腋的小聚伞花序，再组成顶生大型的穗状花序；萼筒长 0.5 ~ 0.8 厘米，有纵棱 12 条，裂片 6 枚，花瓣 6 枚，红紫色或淡紫色，雄蕊 12 枚，6 长 6 短，伸出于萼筒之外。蒴果扁圆形。生于溪沟边和潮湿草地上。

全草入药；清热解毒，收敛止血；主治痢疾泄泻、便血、血崩、疮疡溃烂、吐血、衄血、外伤出血。

赤楠

Syzygium buxifolium Hook. et Arn.

蒲桃属 *Syzygium* 桃金娘科 Myrtaceae

灌木或小乔木。嫩枝有棱。叶对生；叶片革质，椭圆形或倒卵形，长 1.5 ～ 3.0 厘米，宽 1 ～ 2 厘米，先端圆或钝，有时有钝尖头，基部阔楔形或钝，侧脉离边缘 1.0 ～ 1.5 毫米处结合成边脉；叶柄长 2 毫米。聚伞花序顶生，长约 1 厘米，有花数朵；萼管倒圆锥形，萼齿浅波状；花瓣 4 枚，分离。果实球形，径 5 ～ 7 毫米。花期 6—8 月。生于疏林或灌丛中。

根入药；健脾利湿，平喘，散瘀；治疗水肿、小儿哮喘、跌打损伤、烫伤等。

地菍

Melastoma dodecandrum Lour.

野牡丹属 *Melastoma*　野牡丹科 Melastomataceae

小灌木。茎匍匐，节生不定根；幼枝疏生糙伏毛。叶对生；叶片坚纸质，椭圆形或卵形，长 1.5 ~ 4.0 厘米，宽 0.8 ~ 3.0 厘米，基出脉 3 ~ 5 枚，有糙伏毛。聚伞花序有花 1 ~ 3 朵，花瓣粉红色或紫红色，花瓣 5 枚，常偏斜；雄蕊 10 枚。子房下位。果坛状球形，肉质，熟时黑紫色，味甜可食。花、果期均为 6—10 月。生于山坡草丛中和疏林下，喜生于酸性土壤中。

全草或根入药；涩肠止痢，舒经活络，补血安胎；主治肠炎、菌痢、腰腿痛、风湿骨痛、孕妇贫血、胎动不安。

野鸦椿

Euscaphis japonica (Thunb.) Kanitz

野鸦椿属 *Euscaphis* 省沽油科 Staphyleaceae

落叶灌木，高达6米。小枝及芽红紫色，枝叶揉碎后发出恶臭气味。奇数羽状复叶对生，长12 ~ 28厘米，小叶5 ~ 9枚；叶片厚纸质，椭圆形，长4 ~ 9厘米，宽2 ~ 5厘米，基部常偏斜，边缘具细锐锯齿，齿尖有腺体。圆锥花序顶生，花黄白色。蓇葖果果皮软革质，紫红色。花期4—5月，果期6—9月。生于山谷、坡地、溪边、路旁及杂木林中。

根及果实入药。根祛风除湿，健脾调营；治痢疾泄泻、崩漏、风湿疼痛、跌打损伤。果实温中理气，消肿止痛；治胃痛、寒疝、泻痢、脱肛、子宫下垂、睾丸肿痛。

省沽油

Staphylea bumalda DC.

省沽油属 *Staphylea* 省沽油科 Staphyleaceae

落叶灌木，高达 4 米。树皮紫红色，无毛。复叶，有 3 小叶；小叶片椭圆形，长 3.5 ~ 9.0 厘米，宽 2.0 ~ 4.5 厘米，先端急尖至渐尖；顶生小叶片基部楔形，下延；侧生小叶片基部偏斜，边缘有细锯齿。圆锥花序顶生于当年生通常具有 2 对叶的伸长小枝上，直立，长 5 ~ 8 厘米；萼片浅黄白色；花瓣白色。蒴果扁膀胱状。花期 4—5 月，果期 6—9 月。生于山谷坡地、溪边路旁及杂木林中。

根及果实入药。果润肺止咳；治干咳。根活血化瘀；治妇女产后恶露不净。

盐肤木

Rhus chinensis Mill.

盐肤木属 *Rhus* 漆树科 Anacardiaceae

灌木或小乔木，高 2 ~ 10 米。小枝、叶柄及花序均密被锈色柔毛。叶互生，奇数羽状复叶，长 25 ~ 45 厘米；叶轴及叶柄常具宽的叶状翅；小叶 5 ~ 13 枚；小叶片纸质，边缘具粗锯齿。圆锥花序宽大，多分枝，雄花序长 10 ~ 40 厘米，雌花序较短；雄花花瓣白色，5 枚；雌花花萼、花瓣均较雄花略小，退化雄蕊极短。核果成熟时橙红色，球形。花期 8—9 月，果期 10 月。生于向阳山坡、林缘、沟谷和灌丛中。

根入药，名为盐芋根；祛风湿，利水消肿，活血解毒。

野漆树

Toxicodendron succedaneum (L.) Kuntze

漆属 *Thoxicodendron* 漆树科 Anacardiaceae

落叶乔木或灌木，高达 10 米。小枝无毛。奇数羽状复叶常集生于小枝顶端，长 25 ~ 35 厘米，小叶 9 ~ 15 枚；小叶片坚纸质至薄革质，长椭圆形至卵状披针形，长 6 ~ 12 厘米，宽 2 ~ 4 厘米，全缘，下面常带白粉。圆锥花序腋生，长常为复叶之半，多分枝；花单性异株；雄花花瓣黄绿色；雌花花萼、花瓣比雄花略小，子房球形，柱头 3 裂。核果斜菱状近球形，偏斜。花期 5—6 月，果期 8—10 月。生于山地林中、林缘。

叶入药；散瘀止血，解毒；主治肺痨、溃疡病出血、毒蛇咬伤；对漆过敏者慎用。

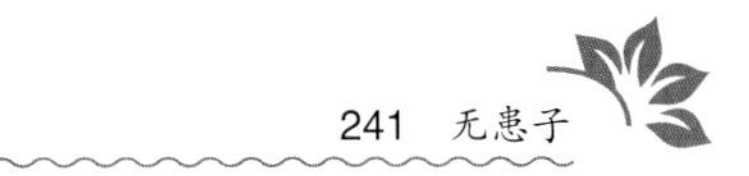

无患子

Sapindus saponaria L.

无患子属 *Sapindus* 无患子科 Sapindaceae

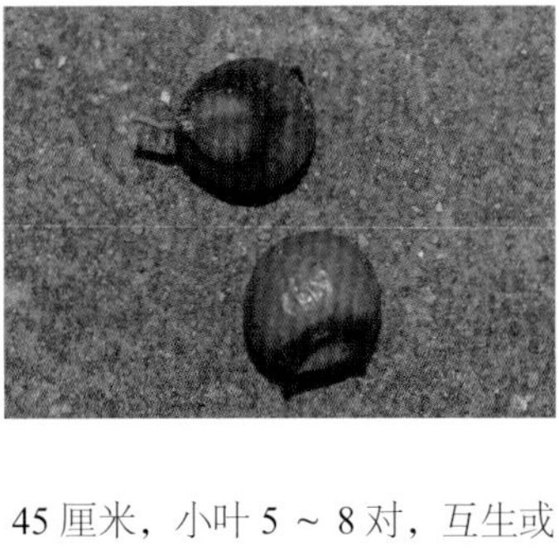

乔木，高 20 米。叶互生，一回羽状复叶，长 20 ~ 45 厘米，小叶 5 ~ 8 对，互生或近对生；小叶片纸质，基部楔形，略偏斜。圆锥花序顶生，密被灰黄色柔毛；花小，黄绿色；萼片 5 枚；花瓣 5 枚，花盘碟状；雄蕊 8 枚。果近球形，径 2 厘米，黄色。花期 5—6 月，果期 7—8 月。栽培，有时见于山坡或溪谷边林中。

根及根茎、种子入药，有小毒。无患子根具有清肺止咳、清热解毒、清热利湿的功效；用于治疗外感发热、咽喉肿痛、肺热咳嗽、吐血、带下、白浊、蛇虫咬伤。种子具有清热、祛痰、消积、杀虫的功效；治各种喉症、感冒发热、百日咳、白浊、小儿疳积。

七叶树

Aesculus chinensis Bunge

七叶树属 *Aesculus* 无患子科 Sapindaceae

落叶乔木，高 20 米。掌状复叶由 5 ~ 7 片小叶组成；叶柄长 5 ~ 18 厘米；小叶片纸质，长圆状披针形至长圆状倒披针形，长 10 ~ 18 厘米，宽 3 ~ 6 厘米，先端短渐尖，基部楔形或宽楔形，边缘通常有钝尖的细锯齿。花序窄圆筒形，长 30 ~ 50 厘米；花瓣 4 枚，白色。果实球形或倒卵圆形。花期 5 月，果期 9—10 月。零星栽培，原产秦岭。

种子入药，称娑罗子；疏肝解郁，和胃止痛；治胸闷胁痛、脘腹胀痛、妇女经前乳房胀痛。

松风草

Boenninghausenia albiflora (Hook.) Rchb. ex Meisn.

石椒草属 *Boenninghausenia*　芸香科 Rutaceae

多年生宿根草本，基部常为木质，高 50 ~ 80 厘米；全体有强烈气味。嫩枝髓部很大，常中空。小叶片薄纸质或膜质，倒卵形、菱形或椭圆形，长 1 ~ 2 厘米，宽 0.5 ~ 1.8 厘米，先端圆钝，有时微凹头，基部钝，全缘，有半透明油点。花序长可达 20 厘米；花瓣白色，有透明油点；心皮 4 枚，子房柄明显。果瓣有明显黄色腺点。花期 4—8 月，果期 9—10 月。生于山坡林下、山沟边、路旁石缝中及林缘阴湿处。

全草入药；解表截疟，活血散瘀，解毒；主治感冒发热、支气管炎、疟疾、胃肠炎、跌打损伤；外用治外伤出血、痈疽疮疡。

枳 枸橘

Poncirus trifoliata (L.) Raf.

枳属 *Poncirus* 芸香科 Rutaceae

落叶小乔木，高可达5米。全株无毛。枝绿色，有棱角，密生粗壮棘刺，刺长1～7厘米，基部扁平。羽状三出复叶，互生；叶柄有翅；小叶片近革质，卵形或倒卵形，长1.5～5.0厘米，宽1～3厘米，先端圆钝，基部楔形，边缘有钝齿或近全缘。花常先于叶开放，有香气；萼片、花瓣5枚，花瓣黄白色。柑果球形，经久不落。花期4—5月，果期9—10月。零星栽培，原产我国中部。

果：理气健胃，消肿止痛；用于治疗胃脘胀痛、消化不良、睾丸肿痛、子宫脱垂。叶：行气消食，止呕；用于治疗反胃、呕吐。

臭常山

Orixa japonica Thunb.

臭常山属 *Orixa* 芸香科 Rutaceae

灌木，高达 3 米。叶片薄纸质或膜质，卵形至倒卵状椭圆形，长 5 ~ 10 厘米，宽 2 ~ 5 厘米，先端急尖，钝头，基部楔形，全缘或具甚细小圆锯齿，上面深绿色，有细小透明油点。雄花序腋生，长 2 ~ 4 厘米，总花梗细，雄蕊 4 枚，与萼片对生；雌花单生，萼片宽卵形，上部边缘被睫毛，花瓣长圆形，心皮离生，花头短，柱头头状。蓇葖果果瓣半圆形。花期 3—4 月，果期 8—9 月。生于疏林内或灌丛中。

根入药：涌吐痰涎，截疟；主治胸中痰饮证、疟疾。

茵芋

Skimmia reevesiana (Fortune) Fortune

茵芋属 *Skimmia* 芸香科 Rutaceae

常绿灌木，高 0.5 ~ 1.0 米。小枝具棱，髓中空。单叶互生，常聚生于枝顶端；叶片革质，狭长圆形或长圆形，长 7 ~ 11 厘米，宽 2.0 ~ 4.5 厘米，先端短尖，基部楔形，全缘或有疏浅锯齿。聚伞状圆锥花序顶生；花常为两性，5 数；花瓣白色。浆果状核果，红色。花期 4—5 月，果期 9—11 月。生于山地沟边、林下阴湿岩石上及山坡灌丛中。

茎叶入药，有毒；祛风利湿；主治风湿痹痛、四肢挛急、双足软弱。内服宜慎，用量不宜过大。

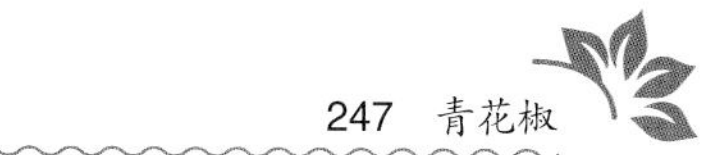

青花椒

Zanthoxylum schinifolium Siebold et Zucc.

花椒属 *Zanthoxylum*　芸香科 Rutaceae

落叶灌木，高 1 ~ 3 米。枝有短小皮刺，无毛。奇数羽状复叶，有小叶 11 ~ 29 枚；小叶对生或互生；叶轴纤细，具狭翅，有稀疏向上弯曲小皮刺；小叶片纸质，长 1.5 ~ 4.5 厘米，宽 0.7 ~ 1.5 厘米，边缘有细锯齿，齿缝有油点，下面疏生油点。伞房状圆锥花序顶生；花单性；萼片 5 枚，花瓣绿色，5 枚；雄花雄蕊 5 枚。蓇葖果熟时紫红色。花期 8—9 月，果期 10—11 月。生于山坡混交林中。

果实入药。果皮为花椒，温中止痛，杀虫止痒；主治中寒腹痛、寒湿吐泻、虫积腹痛、湿疹、阴痒。种子为椒目，利水消肿，降气平喘；主治水肿胀满、痰饮咳喘。

竹叶花椒　竹叶椒

Zanthoxylum armatum DC.

花椒属 *Zanthoxylum*　芸香科 Rutaceae

常绿灌木，高可达 4 米。枝散生劲直扁皮刺。奇数羽状复叶，有小叶 3 ~ 9 枚，通常为 3 ~ 5 枚；叶轴及叶柄有宽翅；叶柄基部有 1 对托叶状皮刺；小叶片薄革质，通常披针形。聚伞状圆锥花序，腋生或生于侧枝顶端，花单性；花细小，黄绿色。蓇葖果红色。花期 3—5 月，果期 8—10 月。生于低山疏林下或灌丛中。

果实、根、叶入药；根具有祛风散寒、温中理气、活血止痛的功效，叶具有理气止痛、活血消肿、解毒止痒的功效，果实具有温中燥湿、散寒止痛、驱虫止痒的功效。

臭椿

Ailanthus altissima (Mill.) Swingle

臭椿属 *Ailanthus*　苦木科 Simaroubaceae

落叶乔木，高达 20 米；树皮平滑。奇数羽状复叶互生，长 30 ~ 90 厘米，有小叶 13 ~ 25 枚；小叶对生；小叶片揉搓后有臭味，卵状披针形至披针形，基部近圆形，偏斜，近基部边缘有 1 ~ 2 对大锯齿，齿端下面有 1 大腺体。圆锥花序顶生，大形；花小。翅果成熟时黄褐色，长椭圆形。花期 5—7 月，果期 8—10 月。生于向阳山坡疏林中、林缘、灌木丛中。

树皮、根皮入药；清热燥湿，收敛止带，止泻，止血，杀虫；主治赤白带下、久泻久痢、湿热泻痢、崩漏经多、便血痔血。内服治蛔虫腹痛，外洗治疥癣瘙痒。

香椿

Toona sinensis (A. Juss.) Roem.

香椿属 *Toona*　楝科 Meliaceae

落叶乔木，高达 25 米。偶数羽状复叶互生，长 25 ~ 50 厘米，有特殊气味；小叶 10 ~ 22 枚，对生或近对生；叶柄红色，基部肥大，无毛；小叶片纸质，卵状披针形，长 9 ~ 15 厘米，先端尾尖，基部稍偏斜，全缘或有疏锯齿。圆锥花序顶生，有多数花，花有香气；花瓣白色。蒴果褐色，狭椭圆形，5 瓣裂，果瓣薄。花期 5—6 月，果期 8—10 月。生于向阳山坡杂木林内或山谷溪旁疏林缘。现多为栽培。

果实入药；祛风散寒，止痛；治外感风寒、胃痛、风湿关节痛、疝气。

苘麻

***Abutilon theophrasti* Medik.**

苘麻属 *Abutilon* 锦葵科 Malvaceae

一年生草本，半灌木状，高0.5 ~ 2.0米。茎直立，上部分枝，绿色。叶片圆心形，长5 ~ 12厘米，宽与长几相等，先端长渐尖，基部心形，边缘具细圆锯齿，两面均密被星状柔毛；叶柄长3 ~ 12厘米，被星状柔毛；托叶披针形，早落。花单生于叶腋，或有时组成近总状花序；花瓣黄色，倒卵形。花期6—8月，果期8—10月。生于山坡路旁、荒地和田野间。

全草入药；种子（苘麻子）清热利湿，解毒，退翳；用于治疗角膜云翳、痢疾、痈肿。根（苘麻根）用于治疗小便淋痛、痢疾。

蜀葵

Alcea rosea L.

蜀葵属 *Alcea* 锦葵科 Malvaceae

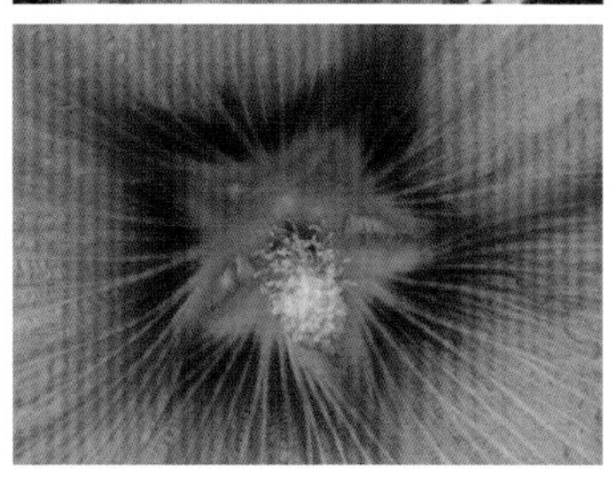

二年生草本，高达 2 米。茎直立，不分枝，被星状毛和刚毛。叶片近圆心形或长圆形，长 6 ~ 17 厘米，宽 5 ~ 20 厘米；基生叶片较大，通常 3 ~ 7 浅裂；基部心形至圆形，边缘具圆齿，两面均被星状毛；托叶卵形。花大，单生或近簇生于叶腋；花冠径 6 ~ 8 厘米，有红色、紫色、白色、粉红色、黄色和黑紫色等。分果圆盘状，径约 2 厘米。花、果期均为 5—11 月。栽培，有逸生。

根：清热解毒，排脓，利尿；用于治疗肠炎、痢疾、尿道感染、小便赤痛、宫颈炎。种子：利尿通淋；用于治疗尿路结石、小便不利、水肿。花：解毒散结；用于治疗大小便不利及解河豚毒。花、叶：外用治痈肿疮疡、烧烫伤。

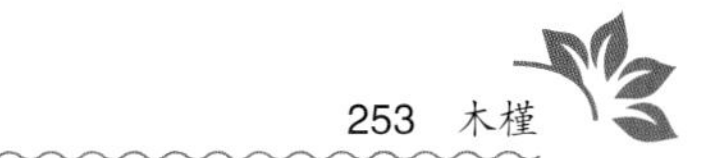

木槿

Hibiscus syriacus L.

木槿属 *Hibiscus* 锦葵科 Malvaceae

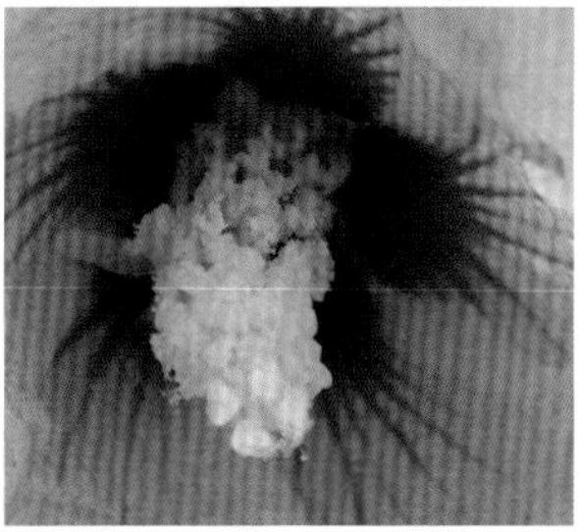

落叶灌木，高 2 ~ 4 米。嫩枝被黄褐色星状绒毛。叶片菱状卵形，长 4 ~ 8 厘米，宽 2 ~ 5 厘米，具深浅不同的 3 裂，边缘具不整齐粗齿，主脉 3 条；托叶线形。花单生于枝端叶腋，花萼钟状，密被星状绒毛；花冠钟形，淡紫色，具紫红色心；花瓣楔状倒卵形，外面疏被纤毛和星状长柔毛。蒴果卵圆形，密被黄色星状绒毛。花期 7—9 月，果期 9—11 月。栽培。

果实、花及茎皮入药。果实名为朝天子，清肺化痰，解毒止痛；用于治疗痰喘咳嗽、风热头痛；外用治疗黄水疮。花名为木槿花，清湿热，凉血；用于治疗痢疾、腹泻、痔疮出血；外用治疗疖肿。茎皮名为木槿皮，清热利湿，解毒止痒；用于治疗肠风泻血、痢疾、脱肛、疥癣、痔疮。

田麻

Corchoropsis tomentosa (Thunb.) Makino

田麻属 *Corchoropsis* 锦葵科 Malvaceae

一年生草本，高0.3 ~ 1.0米。枝有星状柔毛，嫩枝尤甚。叶片卵形或长卵形，长2.5 ~ 6.0厘米，宽1 ~ 4厘米，先端急尖至渐尖、长渐尖，边缘有钝牙齿，上下面均具星状短柔毛。花黄色，径1 ~ 2厘米，萼片、花瓣5枚，能育雄蕊15枚，3个一束。蒴果角状圆筒形，长1.7 ~ 3.0厘米，散生星状柔毛。花期8—9月，果期9—10月。生于山谷、溪边、路旁草丛中和林下。

全草入药；清热利湿，解毒止血；治痈疖肿毒、咽喉肿痛、疥疮、小儿疳积、白带过多、外伤出血。

梧桐

Firmiana simplex (L.) W. Wight

梧桐属 *Firmiana*　锦葵科 Malvaceae

落叶乔木，高达 15 米。树皮青绿色，平滑。叶片掌状 3 ~ 5 裂，径 15 ~ 30 厘米，基部心形，裂片三角形，先端渐尖，全缘，基出脉 7 条；叶柄长 7 ~ 30 厘米。圆锥花序顶生，长 20 ~ 50 厘米，花淡黄绿色。雌花的子房圆球形，被毛。蓇葖果膜质，成熟前开裂成叶状。花期 6 月，果期 11 月。常为栽培，有时呈野生状态。

花、种子、叶和根入药。花、叶清热解毒，种子健脾消滞，根祛风除湿；主治水肿、烧烫伤、伤食腹泻、风湿骨痛、跌打骨折、痈疮肿毒。

扁担杆

Grewia biloba G. Don

扁担杆属 *Grewia*　锦葵科 Malvaceae

落叶灌木，高达 3 米。小枝密被黄褐色星状毛。单叶互生；叶片椭圆形，大小变化幅度很大，通常长 2.5 ~ 10.0 厘米，宽 1 ~ 5 厘米，先端急尖至渐尖，基部楔形至圆形，边缘具不整齐锯齿，上面无毛或沿脉散生极疏星状毛，下面疏生星状毛或几无毛，基出脉 3 条；叶柄长 0.2 ~ 0.8 厘米，密被星状毛；托叶线形。聚伞花序与叶对生，具 5 ~ 8 朵花；花黄绿色；雄蕊多数。花期 6—8 月，果期 8—10 月。生于山谷、溪边林下。

根、茎、叶入药；祛风除湿，理气消痞；用于治疗脾虚食少、胸痞腹胀、小儿疳积、妇女崩漏。

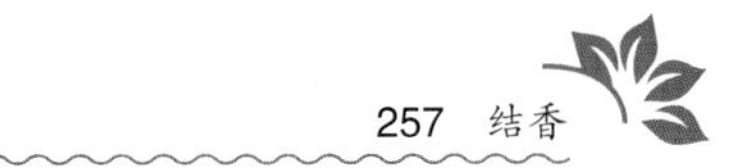

结香

Edgeworthia chrysantha Lindl.

结香属 *Edgeworthia* 瑞香科 Thymelaeaceae

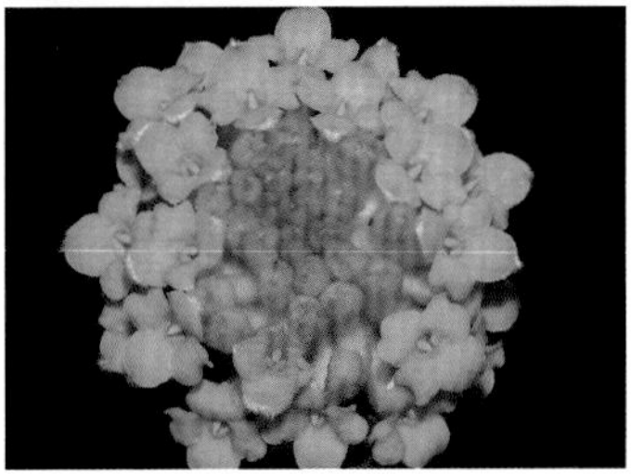

落叶灌木，高达 2 米。枝粗壮，棕红色，具皮孔。叶互生，常簇生于枝端；叶片纸质，椭圆状长圆形，长 8 ~ 20 厘米，宽 2 ~ 5 厘米，基部楔形而下延，全缘。花先于叶开放；头状花序生于枝梢叶腋；总花梗粗短，下弯，密被长绢毛；花梗无；花萼管状，长约 1.5 厘米，外面密被淡黄白色绢状长柔毛，裂片 4 枚，内面黄色；雄蕊 8 枚。果卵形。花期 3—4 月，果期 8—9 月。零星栽培。

根、花入药。花祛风明目；用于治疗目赤疼痛、夜盲。根舒筋活络，消肿止痛；用于治疗风湿关节痛、腰痛；外用治跌打损伤、骨折。

倒卵叶瑞香

Daphne grueningiana H. Winkl.

瑞香属 *Daphne*　瑞香科 Thymelaeaceae

常绿灌木，高 0.4 ~ 1.5 米。叶互生，常簇生于枝顶；叶片皮革质，倒卵状披针形或倒卵状椭圆形，长 6 ~ 11 厘米，宽 2.1 ~ 3.2 厘米，先端圆或钝圆而微凹，基部渐狭成楔形，全缘，微反卷。头状花序顶生，由 8 ~ 10 朵花组成；花萼管状，淡紫色或紫红色；雄蕊 8 枚，2 轮。果卵圆形，红色。花期 3—4 月，果期 6—7 月。生于沟边、杂木林和竹林下。

根入药；治慢惊风、跌打损伤。

毛瑞香

Daphne kiusiana var. *atrocaulis* (Rehder) F. Maek.

瑞香属 *Daphne*　瑞香科 Thymelaeaceae

常绿灌木，高 0.5 ~ 1.2 米。幼枝与老枝紫褐色。单叶互生，有时簇生于枝端；叶片皮革质，椭圆形至倒披针形，长 5 ~ 12 厘米，宽 1.5 ~ 3.5 厘米，先端短尖至渐尖而钝头，基部楔形，全缘，微反卷。花 5 ~ 13 朵簇生而组成稠密的顶生头状花序；花萼管状，白色。果卵状椭圆形，红色。花期 3—4 月，果期 8—9 月。生于山坡疏林、山谷、溪边较阴湿处。

根及茎皮入药；活血消肿，利咽；用于治疗风湿骨痛、手足麻木、月经不调、闭经、产后风湿、跌打损伤、骨折、脱臼。

芫花

Daphne genkwa Siebold et Zucc.

瑞香属 *Daphne* 瑞香科 Thymelaeaceae

落叶灌木，高 30 ~ 100 厘米。枝略带紫褐色，幼枝密被淡黄色绢状毛。叶对生；叶片纸质，椭圆形或椭圆状长圆形，长 3.0 ~ 5.5 厘米，宽 1 ~ 2 厘米，先端急尖，基部楔形，全缘。花先于叶开放，3 ~ 7 朵成簇，数簇侧生于上一年生枝无叶的叶腋；萼筒淡紫色或淡紫红色；雄蕊 8 枚；花盘环状；子房瓶状，密被淡黄色柔毛。果白色。花期 3—4 月，果期 6—7 月。生于向阳山坡、灌丛、路旁或疏林下。

花蕾入药，有毒；泻水逐饮，祛痰止咳，杀虫疗疮；治胸胁停饮、水肿、膨胀、咳嗽痰喘、头疮、白秃、顽癣、痈肿。

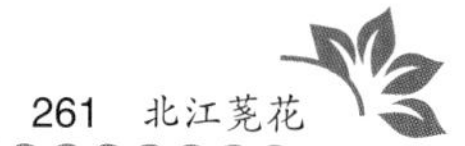

北江荛花

Wikstroemia monnula Hance

荛花属 *Wikstroemia*　瑞香科 Thymelaeaceae

落叶灌木，高 0.7 ~ 3.0 米。幼枝被灰色柔毛，老枝紫褐色，无毛。叶对生；叶片膜质，卵状椭圆形，通常长 3.0 ~ 4.5 厘米，宽 1.0 ~ 2.5 厘米，下面淡绿色，有时带紫红色，疏被柔毛，中脉被毛较多。总状花序顶生而缩短呈伞形花序状，每花序具花 3 ~ 8 朵；花萼管状，淡红色或紫红色，外面被绢状毛。核果卵形，肉质，白色。花期 4—6 月，果期 7—9 月。生于向阳山坡灌丛中或疏林下。

根入药；舒筋活络，散结消肿；主治跌打损伤、筋骨疼痛、腮腺炎、乳腺炎、淋巴结炎。

匍匐南芥

Arabis flagellosa Miq.

南芥属 *Arabis* 十字花科 Brassicaceae

多年生草本，高 10 ~ 15 厘米。茎自基部丛生鞭状匍匐茎，茎与叶密被单毛、2 ~ 3 分叉毛及分枝毛。基生叶叶片倒长卵形至匙形，长 3.0 ~ 11.5 厘米，宽 1.5 ~ 3.5 厘米，边缘具浅齿，基部下延成有翅的狭叶柄。总状花序顶生；花瓣白色，匙形。长角果线形，扁平。花期 3—4 月，果期 4—5 月。生于山坡林下阴湿地。

全草入药；清热解毒；治热病发热、咽喉肿痛、痈肿疮毒等。

荠

***Capsella bursa-pastoris* (L.) Medik.**

荠属 *Capsella* 十字花科 Brassicaceae

一或二年生草本，高 10 ~ 50 厘米，略有白毛。基生叶莲座状；叶片长圆形，大头状羽裂，顶裂片显著大。茎生叶长圆形或披针形，基部箭形，抱茎。总状花序，花白色。短角果三角形。花期 3—4 月，果期 6—7 月。生于路边、宅旁、山坡、荒地。

全草入药；凉血止血，清热利水；主治肺病咯血、产后子宫出血、月经过多、感冒发热、肾炎水肿、肠炎腹泻。

弹裂碎米荠

Cardamine impatiens L.

碎米荠属 *Cardamine* 十字花科 Brassicaceae

一或二年生草本，高 20 ~ 40 厘米。茎直立，不分枝或上部分枝。奇数羽状复叶；基生叶有小叶 2 ~ 8 对，茎生叶有小叶 3 ~ 8 对；顶生小叶片卵形或卵状披针形，叶基部两侧也有叶耳。总状花序顶生和腋生；花小；花瓣白色。长角果线形，长 2 ~ 3 厘米。花期 4—6 月，果期 5—7 月。生于山坡路旁、沟谷、水边阴湿处。

全草入药；活血调经，清热解毒，利尿通淋；治月经不调、痈肿、淋证。

碎米荠

Cardamine hirsuta L.

碎米荠属 *Cardamine* 十字花科 Brassicaceae

一或二年生草本，高 15 ~ 30 厘米。奇数羽状复叶，小叶 2 ~ 6 对。总状花序顶生；花瓣白色，倒卵形；子房圆柱状，柱头扁球形。长角果线形，稍扁，长达 3 厘米。花期 2—4 月，果期 3—5 月。生于山坡路旁阴湿处。

全草入药；清热利湿；用于治疗尿道炎、膀胱炎、痢疾、白带过多；外用治疗疮。

弹裂碎米荠茎生叶基部两侧有被缘毛的叶耳抱茎，长角果成熟时果瓣自下而上弹卷开裂；碎米荠没有叶耳抱茎，长角果常规开裂。

蔊菜

Rorippa indica (L.) Hiern

蔊菜属 *Rorippa* 十字花科 Brassicaceae

一年生草本，高 15 ～ 50 厘米。茎有分枝，具纵棱槽。叶形多变化，基生叶和茎下部叶叶片大头状羽裂，长 7 ～ 12 厘米，顶生裂片较大；茎上部叶叶片长圆形，多不分裂，边缘具疏齿，基部有短叶柄或稍耳状抱茎。总状花序；花小；花瓣黄色。长角果线状圆柱形。花期 4—5 月。生于山坡路旁，宅边墙脚下或田边。

全草入药；清热利尿，活血通经，镇咳化痰，健胃理气，解毒；主治感冒、热咳、咽痛，风湿性关节炎、黄疸、水肿、跌打损伤等。

酸模

***Rumex acetosa* L.**

酸模属 *Rumex*　蓼科 Polygonaceae

多年生有酸味草本。茎直立，通常不分枝，高 40 ~ 100 厘米，中空。基生叶叶片宽披针形至卵状长圆形，长 4 ~ 9 厘米，宽 1.5 ~ 3.5 厘米，先端钝或急尖，基部箭形，全缘；叶柄长 5 ~ 10 厘米，茎生叶向上逐渐变小。花单性，雌雄异株；花被片 6 枚，红色，成 2 轮；雄花内有 6 枚雄蕊，雌花外轮花被片小，反曲，内轮花被片直立，柱头 3 裂，红色。瘦果椭圆形。花期 3—5 月，果期 4—7 月。生于山坡林缘、阴湿山沟边及路边荒地中。

根入药；凉血，解毒，通便，杀虫；用于治疗内出血、痢疾、便秘、内痔出血；外用治疥癣、疔疮、神经性皮炎、湿疹。

羊蹄

Rumex japonicus Houtt.

酸模属 *Rumex*　蓼科 Polygonaceae

多年生无毛草本，高 35 ~ 120 厘米。茎直立、粗壮，绿色，具沟纹，常不分枝。基生叶具长柄；叶片卵状长圆形，长 13 ~ 34 厘米，宽 4 ~ 12 厘米，基部心形，边缘波状，基部楔形，具短柄或近无柄。花小，两性，密集成狭长圆锥花序；花被片 6 枚，淡绿色，成 2 轮，内轮花被片在果时增大成圆心形或扁圆心形，边缘有三角状浅牙齿。花、果期均为 4—6 月。生于低山坡疏林边、沟边、溪边，路旁湿地。

根入药；凉血止血，解毒杀虫，泻下；主治大便燥结、淋浊、黄疸、吐血、肠风、小儿疳积、目赤、舌肿、口疮、疥癣、秃疮、痈肿、跌打损伤。

区别特征：酸模基生叶箭形或戟形，花单性；羊蹄基生叶楔形、圆形，花两性。

虎杖

Reynoutria japonica Houtt.

虎杖属 *Reynoutria*　蓼科 Polygonaceae

多年生草本，高可达 2 米。地下有横走根茎。茎直立，中空，表面常散生红色或带紫色的斑点。叶互生；叶片宽卵形，长 4 ~ 11 厘米，先端短凸尖，基部圆形，全缘；托叶鞘膜质，圆筒形，褐色。花单性，雌雄异株；排列成展开的圆锥花序；花被白色或淡绿白色；雌花花柱 3 枚，鸡冠状。瘦果卵状三棱形。花期 7—9 月，果期 9—10 月。生于山谷溪边、沟旁及路边草丛中。

根茎及根入药；利湿退黄，清热解毒，散瘀止痛，化痰止咳；主治毒蛇咬伤、烫火伤、无名肿毒、急性肝炎、尿路感染、便秘。

何首乌

Fallopia multiflora (Thunb.) Haraldson

首乌属 *Fallopia*　蓼科 Polygonaceae

多年生缠绕草本。全株无毛，有肥大的不整齐纺锤状块根。块根表面黑褐色，内部紫红色。叶互生；叶片狭卵形至心形，长 3 ~ 10 厘米，先端急尖，基部心形；托叶鞘鞘膜质，筒状，褐色。圆锥花序大而开展，顶生或腋生；花被白色，5 深裂，雄蕊 8 枚；柱头 3 裂。瘦果三棱形。花期 8—10 月，果期 10—11 月。生于山野石隙、灌丛中及住宅旁断墙残垣之间，常缠绕于墙上、岩石上及树木上。

块根、藤茎入药；块根为何首乌，补益精血，解毒，截疟，润肠通便；藤茎为首乌藤，养血安神，祛风通络。

萹蓄

Polygonum aviculare L.

蓼属 *Polygonum*　蓼科 Polygonaceae

一年生无毛草本。茎自基部分枝，匍匐或斜上升，高 10 ~ 40 厘米，绿色，具沟纹。叶互生；叶片长椭圆形，长 1.0 ~ 3.8 厘米，宽 0.2 ~ 1.1 厘米，先端钝或急尖，基部狭窄成有关节的短柄；托叶鞘膜质，顶端数裂。花 1 ~ 5 朵簇生叶腋，花梗长 0.1 ~ 0.2 厘米；花被 5 深裂，绿色，具白色或粉红色边缘；雄蕊 8 枚，花柱 3 离生。瘦果卵状三棱形。花、果期均为 4—11 月。生于路旁、草地、荒田杂草丛，常成片丛生。

地上部分入药；利尿通淋，杀虫止痒；主治淋证、小便不利、黄疸、带下、泻痢、蛔虫病、蛲虫病、钩虫病、皮肤湿疮、疥癣、痔疾。

刺蓼

Polygonum senticosum (Meisn.) Franch. et Sav.

蓼属 *Polygonum* 蓼科 Polygonaceae

多年生蔓性草本。茎、枝、叶柄、叶片下面中脉及总花梗均有倒生小钩刺。茎细长，有分枝，具 4 棱。叶互生；叶片三角状戟形，长 3 ~ 8 厘米，宽 3 ~ 7 厘米，先端渐尖，基部戟形或近心形，两侧裂片短而宽。头状花序顶生或腋生，花被粉红色，雄蕊 8 枚，与花被等长，花柱 3，下部联合。瘦果近圆球形，外包宿存干膜质花被。花期 7—9 月，果期 9—10 月。生于沟边、路旁草丛及山谷灌丛中。

全草入药；解毒消肿，利湿止痒；用于治疗湿疹、黄水疮、疔疮、痈疖、蛇咬伤。不可内服。

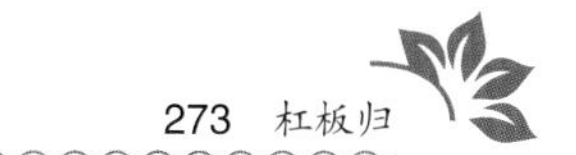

杠板归

Polygonum perfoliatum L.

蓼属 *Polygonum*　蓼科 Polygonaceae

多年生攀援草本。茎、叶柄及叶片背面脉上常具倒生钩刺。叶互生；叶片三角形，长 2.0 ～ 6.5 厘米，先端急尖，基部截形或微心形；托叶鞘贯茎，绿色，叶状，近圆形，径 1 ～ 3 厘米；叶柄盾状着生。穗状花序短，长 1 ～ 2 厘米，常包藏于托叶鞘内；花被白色或粉红色，雄蕊 8 枚，花柱 3，中上部合生。瘦果圆球形，黑色，外包肉质增大蓝黑色花被。花、果期均为 6—11 月。生于田野路边、沟边、荒地及灌丛中。

全草入药；清热解毒，利尿消肿；主治化脓感染、百日咳、肾炎水肿、带状疱疹、毒蛇咬伤等。

红蓼 荭草

***Polygonum orientale* L.**

蓼属 *Polygonum* 蓼科 Polygonaceae

一年生高大多毛草本。茎直立，高 1 ~ 2 米，多分枝，密被长软毛。叶互生；叶片宽椭圆形，长 7 ~ 20 厘米，宽 3 ~ 13 厘米，先端渐尖，基部圆形或浅心形，两面密被柔毛，叶柄长 2 ~ 12 厘米；托叶鞘筒状，长 1 ~ 2 厘米，密被长柔毛，顶端常为绿色。穗状花序粗壮，呈圆柱形，长 2 ~ 8 厘米，径 1.0 ~ 1.3 厘米，稍下垂；花被红色，雄蕊 7 枚，略伸出花被外，花柱 2 离生。瘦果扁圆形。花期 6—7 月，果期 7—9 月。生于村旁宅边、路边或荒田湿地上。

果实入药，名为水红花子；散血消癥，消积止痛；用于治疗癥瘕痞块、瘿瘤肿痛、食积不消、胃脘胀痛。

水蓼

***Polygonum hydropiper* L.**

蓼属 *Polygonum* 蓼科 Polygonaceae

一年生草本，高 20 ~ 80 厘米。茎红紫色，节部膨大，多分枝。叶互生；叶片披针形，长 3 ~ 8 厘米，先端渐尖，基部楔形，两面密被腺点，上面中脉两边常有“人”字形黑纹；叶片有辛辣味；托叶鞘膜质，筒状，长 0.5 ~ 1.5 厘米。穗状花序长 5 ~ 10 厘米，常下垂；花淡红色；雄蕊 6 枚，花柱 2 裂。瘦果卵形，双凸镜状，外面包宿存花被。花、果期均为 5—11 月。生长在土壤较瘠薄的溪边、沟旁、沙滩旁及湿地中，常成丛生长。

全草入药；利湿，消滞，杀虫止痒；主治菌痢、肠炎、风湿肿痛、跌打损伤、疮肿及毒蛇咬伤等。

金线草

Antenoron filiforme (Thunb.) Rob. et Vaut.

金线草属 *Antenoron*　蓼科 Polygonaceae

多年生草本，高 50 ~ 100 厘米，全株密被粗伏毛。茎直立，节稍膨大，很少分枝。叶互生；叶片椭圆形或倒卵形，长 6 ~ 14 厘米，宽 3.0 ~ 8.5 厘米，先端急尖，基部宽楔形，全缘，两面均被长糙伏毛，上面中央常有“八”字形墨记斑。花深红色，2 ~ 3 朵生苞腋内，排列成稀疏、瘦长的顶生穗状花序，长 20 ~ 35 厘米；花被 4 深裂；雄蕊 5 枚；花柱 2 离生。花、果期均为 9—10 月。生于山地林下阴湿处、沟谷溪边草丛中。

全草入药；祛风除湿，理气止痛，止血，散瘀；治风湿骨痛、胃痛、咳血、吐血、便血、血崩、痛经、产后血瘀腹痛、跌打损伤。孕妇慎用。

金荞麦 野荞麦

***Fagopyrum dibotrys* (D. Don) Hara**

荞麦属 *Fagopyrum* 蓼科 Polygonaceae

多年生无毛草本，地下有粗大的结节状坚硬块根。茎直立，高 60 ~ 150 厘米。叶片宽三角形，长 5 ~ 8 厘米，宽 4 ~ 10 厘米，基部心状戟形；托叶鞘膜质，筒状。花白色，花簇排列成顶生或腋生的总状花序，雄蕊 8 枚，花柱 3 离生。瘦果卵状三棱形。花期 5—8 月，果期 9—10 月。生于山坡荒地、旷野路边及水沟边。

根茎入药；清热解毒，排脓祛瘀；用于治疗咽喉肿痛、肺脓疡、脓胸、肺炎。

瞿麦

Diantuhs superbus L.

石竹属 *Dianthus* 石竹科 Caryophyllaceae

多年生草本，高 25 ~ 60 厘米。茎丛生，直立，光滑无毛，上部二歧分枝。叶片线形至线状披针形，长 6 ~ 12 厘米，宽 0.4 ~ 0.5 厘米，先端渐尖，基部成短鞘围抱茎节，全缘。花单生或排成稀疏的聚伞花序，花淡红色或紫红色，花瓣 5 枚，广倒卵形，上部再深裂成线形小裂片，基部具长瓣柄，喉部有须毛，雄蕊 10 枚，子房圆锥形，花柱 2 枚，丝状。花期 5—6 月，果期 6—7 月。生于山坡草丛或路边石隙中。

地上部分入药；利尿通淋，破血通经；主治小便不通、热淋、血淋、石淋、闭经、目赤肿痛、痈肿疮毒、湿疮瘙痒。

鹤草 蝇子草

***Silene fortunei* Vis.**

蝇子草属 *Silene* 石竹科 Caryophyllaceae

多年生草本，高 50 ~ 150 厘米。茎丛生，直立。叶对生；叶片线状披针形，长 1 ~ 6 厘米，宽 0.1 ~ 1.0 厘米，先端锐尖，基部渐狭成柄。聚伞花序顶生，花粉红色或近白色，总花梗上部有黏汁，萼筒细长管状；花瓣 5 枚，先端 2 深裂，裂片再分成细裂片，喉部具 2 小鳞片状副花冠，雄蕊 10 枚；花柱 3 枚。蒴果长圆形，长约 1.5 厘米，成熟时顶端 6 齿裂。花期 7—8 月，果期 9—10 月。生于林下和山坡草丛、溪边。

全草入药；清热利湿，解毒消肿；用于治疗痢疾、肠炎；外用治蝮蛇咬伤、扭挫伤、关节肌肉酸痛。

剪夏罗

Lychnis coronata Thunb.

剪秋罗属 *Lychnis* 石竹科 Caryophyllaceae

多年生草本，高 50 ~ 90 厘米，全株光滑无毛。根状茎竹节状，表面黄色，内面白色。茎丛生，直立，近方形，节部膨大。叶对生；叶片卵状椭圆形，长 5 ~ 13 厘米，宽 2 ~ 5 厘米，先端渐尖，基部渐狭，边缘具细锯齿，两面无毛，无柄。花橙红色，1 ~ 5 朵排成顶生或腋生的聚伞花序，花瓣 5 枚，副花冠 2 枚，鳞片状，雄蕊 10 枚，花柱 5 枚。蒴果顶端 5 齿裂。花期 5—7 月，果期 7—8 月。生于林缘路旁或草丛中。

全草入药；清热除湿，泻火解毒；主治感冒发热、缠腰火丹、风湿痹痛、泄泻。

繁缕

***Stellaria media* (L.) Cyr.**

繁缕属 *Stellaria*　石竹科 Caryophyllaceae

一年或二年生草本，高10～30厘米。茎细弱，基部多分枝，常平卧，一侧具1列短柔毛。叶对生；叶片卵形或圆卵形，长0.5～2.5厘米，宽0.5～1.8厘米，先端渐尖或急尖，基部渐狭或亚心形，全缘；生于基部的叶具长柄，向上叶柄变短以至近无柄。疏聚伞花序顶生。花瓣5枚，白色，长椭圆形，雄蕊5枚，长约为花瓣的2/3；花柱3离生。花期4—5月，果期5—6月。生于田间路旁、溪边草地。

全草入药；清热解毒，化瘀止痛，催乳；用于治疗肠炎、痢疾、肝炎、阑尾炎、产后瘀血腹痛、子宫收缩痛、牙痛、头发早白、乳腺炎、跌打损伤、疮疡肿毒。

雀舌草

Stellaria uliginosa Murr.

繁缕属 *Stellaria* 石竹科 Caryophyllaceae

一年生草本，高10～20厘米，全株无毛。茎基部平卧，上部直立并有多数疏散的分枝；茎常呈四棱形。叶片匙状长卵形，长0.5～1.5厘米，宽0.3～0.6厘米，全缘或呈微波形；无柄。顶生二歧聚伞花序；花瓣白色。蒴果卵圆形。花期4—5月，果期6—7月。生于田间、路边及山脚溪旁阴湿处。

全草入药；祛风散寒，续筋接骨，活血止痛；主治伤风感冒、痢疾、痔漏、跌打损伤、毒蛇咬伤。

喜旱莲子草 空心莲子草

Alternanthera philoxeroides (Mart.) Griseb.

莲子草属 *Alternanthera* 苋科 Amaranthaceae

多年生草本。茎基部匍匐，上部斜升，中空，有分枝。叶对生；叶片长圆形，长 2.5 ~ 5.0 厘米，先端急尖或圆钝，基部渐狭，全缘，上面有贴生毛，边缘有睫毛。头状花序单生于茎上部的叶腋，球形，径 0.8 ~ 1.5 厘米；总花梗长 1 ~ 5 厘米，苞片白色；花被片长圆形，白色，基部带粉红色，有光泽；雄蕊 5 枚。花期 6—9 月。原产美洲，生于低海拔的水沟边或湿地边。

全草入药；清热利尿，凉血解毒；用于治疗乙脑、流感初期、肺痨咯血；外用治湿疹、带状疱疹、疔疮、毒蛇咬伤、流行性出血性结膜炎。

凹头苋

Amaranthus lividus L.

苋属 *Amaranthus* 苋科 Amaranthaceae

一年生草本，高 10 ~ 35 厘米，全株无毛。茎基部分枝，淡绿色或紫红色。叶卵形或菱状卵形，长 1 ~ 4 厘米，宽 0.5 ~ 2. 5 厘米，先端凹缺或微 2 裂，具 1 芒尖，全缘或稍呈波状。花簇腋生，直至下部叶腋，生在茎端或枝端者成直立穗状花序或圆锥花序，花被片 3 枚，黄绿色，雄蕊 2 枚。胞果扁卵形，不裂。花期 6—8 月，果期 8—10 月。生于田野、村旁草地。

全草和种子入药；清热利湿；主治肠炎、痢疾、咽炎、目赤、乳腺炎、痔疮肿痛出血、毒蛇咬伤。

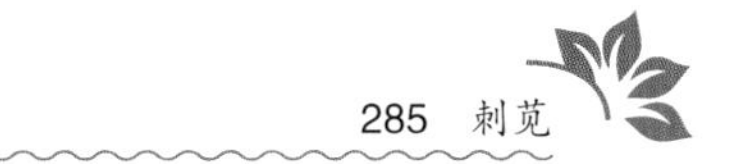

刺苋

Amaranthus spinosus L.

苋属 *Amaranthus*　苋科 Amaranthaceae

一年生草本，高 30 ~ 100 厘米。茎有棱，稍呈红色。叶互生；叶片菱状卵形，长 3 ~ 8 厘米，先端钝，基部渐狭，全缘；叶柄长 1.5 ~ 6.0 厘米，基部两侧有硬刺 1 对，长 0.8 ~ 1.5 厘米。花单性，雄花集成顶生圆锥状花序，花穗直立或微下垂；雌花簇生于叶腋或穗状花序的下部；苞片狭披针形，常变成尖刺状。胞果长圆形，盖裂。花、果期均为 6—10 月。生于田野、荒地、屋旁和路边。

全草入药；清热解毒，散血消肿，收敛止泻；主治菌痢、急慢性胃肠炎、毒蛇咬伤、痔疮出血等。

牛膝

Achyranthes bidentata Blume

牛膝属 *Achyranthes* 苋科 Amaranthaceae

多年生草本，高可达 1 米。茎直立，四棱形，节部膝状膨大。叶对生；叶片卵形、椭圆形或椭圆状披针形，长 5 ~ 12 厘米，全缘。穗状花序腋生或顶生，长 3 ~ 5 厘米，花被片 5 枚，雄蕊 5 枚。胞果长圆形，黄褐色。花期 7—9 月，果期 9—11 月。生于山坡疏林下，丘陵及平原的沟边、路旁阴湿处。

根入药；活血通经，补肝肾，强筋骨，利水通淋；主治产后腹痛、月经不调、闭经、水肿、腰膝酸痛、肝肾亏虚、跌打瘀痛。

藜

Chenopodium album L.

藜属 *Chenopodium*　苋科 Amaranthaceae

一年生草本，高 0.5 ~ 1.5 米。茎直立，粗壮，具条棱及绿色或紫红色条纹，多分枝。叶片三角状卵形或菱状卵形，长 3 ~ 7 厘米，宽 1.5 ~ 5.0 厘米，先端急尖或微钝，基部楔形至宽楔形，边缘具不整齐锯齿或全缘，两面被白色粉粒；叶柄与叶片等长或较短。花两性，黄绿色，花簇排列成圆锥花序，花被片 5 枚，雄蕊 5 枚。胞果全部包于宿存花被内。花期 6—9 月，果期 8—10 月。生于荒地、低山坡林缘、田间、路边及村旁。

幼嫩全草入药，有小毒；清热祛湿，解毒消肿，杀虫止痒；主治发热、咳嗽、痢疾、腹泻、腹痛、疝气、龋齿痛、湿疹、疥癣、白癜风、疮疡肿痛、毒虫咬伤。

垂序商陆　美洲商陆

***Phytolacca americana* L.**

商陆属 *Phytolacca*　商陆科 Phytolaccaceae

多年生草本，高 1.0 ~ 1.5 米。茎通常带紫红色，中部以上多分枝。叶片纸质，卵状长椭圆形，长 8 ~ 20 厘米，宽 3.5 ~ 10.0 厘米。总状花序顶生或与叶对生，弯垂，通常比叶长，花序轴较细弱；总花梗长 5 ~ 10 厘米；花两性，乳白色，雄蕊 10 枚；心皮通常 10 枚，合生。浆果扁球形，径 0.7 ~ 0.8 厘米，成熟时紫黑色，果序明显下垂。花、果期均为 6—10 月。栽培，常逸生于山麓林缘、路旁、溪边。

根入药，有毒；逐水消肿，通利二便，解毒散结；用于治疗水肿胀满、二便不通；外用可治无名肿毒。

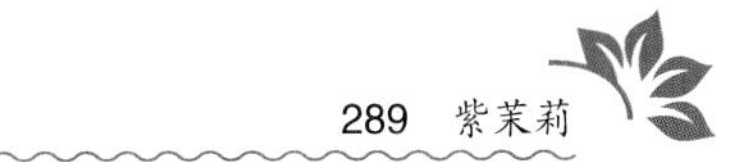

紫茉莉

Mirabilis jalapa L.

紫茉莉属 *Mirabilis*　紫茉莉科 Nyctaginaceae

多年生草本，高可达 1 米。茎微紫红色，稍肉质，多分枝，节稍膨大。叶对生；叶片卵形或卵状三角形，长 4 ～ 12 厘米，先端渐尖，基部截形或心形，全缘。花通常 3 ～ 6 朵聚伞状簇生于枝端；花紫红色、粉红色、白色或黄色，漏斗状，基部膨大成球形而包裹子房。瘦果近球形，熟时黑色。花、果期均为 7—10 月。原产美洲，普遍栽培。

全草入药；清热利湿，活血调经，解毒消肿；主治尿路感染；外用治乳腺炎、跌打损伤、痈疖疔疮、湿疹。孕妇忌服。

土人参

Talinum paniculatum (Jacq.) Gaertn.

土人参属 *Talinum* 土人参科 Talinaceae

多年生肉质草本，高达60厘米，全株无毛。根粗壮，圆锥形，分枝，形如人参，皮棕褐色，断面乳白色。叶互生或近对生；叶片倒卵形，长5 ~ 7厘米，先端圆钝，具短尖头，全缘，肉质，光滑。圆锥花序顶生，花小，淡红色或淡紫红色；花瓣5枚，雄蕊10枚以上。蒴果近球形。花期6—8月，果期9—10月。原产美洲，常栽培于庭院及菜园；或逸为野生。

根入药；补中益气，润肺生津，凉血消肿；主治病后体虚、劳伤咳嗽、遗尿、月经不调；鲜叶捣烂外敷可治疖肿。

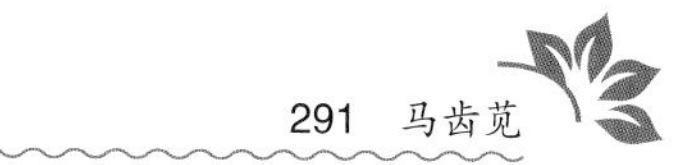

马齿苋

***Portulaca oleracea* L.**

马齿苋属 *Portulaca*　马齿苋科 Portulacaceae

一年生伏地肉质草本。茎多分枝，淡绿色或带暗红色。叶互生，肥厚多汁；叶片倒卵形，先端钝圆，基部楔形，全缘。花 3 ~ 5 朵簇生于枝端，无梗；萼片 2 枚，盔形，基部与子房合生，花瓣 5 枚，黄色，倒卵状长圆形，先端微凹；雄蕊 8 ~ 12 枚；柱头 4 ~ 6 裂。蒴果卵球形。花期 6—8 月，果期 7—9 月。生于山坡、田间及路旁。

全草入药；清热解毒，凉血止血；主治热毒血痢、热毒疮疡、崩漏便血、湿热淋证、带下。

喜树

Camptotheca acuminata Decne.

喜树属 *Camptotheca* 蓝果树科 Nyssaceae

落叶乔木，高达 25 米。当年生小枝紫绿色。单叶互生；叶片纸质，椭圆状卵形，长 5 ~ 17 厘米，宽 6 ~ 12 厘米，先端渐尖，基部近圆形或宽楔形，全缘，侧脉 10 ~ 15 对，弧状平行。头状花序球形，2 ~ 9 个再组成圆锥花序，顶生或腋生；花瓣 5 枚，淡绿色。果长圆形，熟时褐色。花期 7 月，果期 9—11 月。生于低海拔山麓、沟谷。

果实、根、树皮入药；抗癌，清热，杀虫；用于治疗胃癌、结肠癌、直肠癌、膀胱癌、慢性粒细胞性白血病、急性淋巴细胞性白血病；外用治牛皮癣。

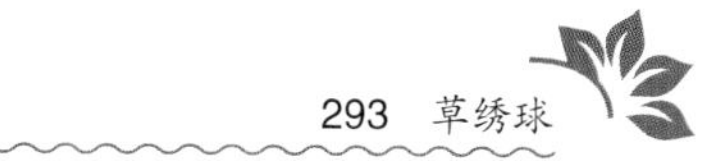

草绣球

Cardiandra moellendorffii (Hance) Migo

草绣球属 *Cardiandra* 绣球科 Hydrangeaceae

多年生草本，高 30 ~ 100 厘米。具横卧的地下茎，茎不分枝。叶互生；叶片纸质，长圆状椭圆形，长 5 ~ 18 厘米，宽 3 ~ 8 厘米，基部渐狭下延成具狭翅的短柄，边缘有粗大锯齿。圆锥状伞房花序顶生；不育花具 2 枚，稀 3 枚萼片，萼片白色；花瓣白色至带淡紫色。蒴果卵球形，顶端孔裂。花期 7—8 月，果期 9—10 月。生于山坡林下及溪谷阴湿处。

块状根茎入药；祛瘀消肿；治跌打损伤。

宁波溲疏

Deutzia ningpoensis Rehder

溲疏属 *Deutzia* 绣球科 Hydrangeaceae

落叶灌木，高可达 3.5 米。小枝红褐色，疏被星状毛。单叶对生；叶片狭卵形，长 2.5 ~ 10.5 厘米，宽 1.3 ~ 3.3 厘米，先端渐尖，上面疏被具 4 ~ 6 条辐射枝的星状毛，下面密被具 12 ~ 14 条辐射枝的星状毡毛。圆锥花序塔形；花瓣白色，外面被星状毛。蒴果近球形，密被星状毛。花期 5—7 月，果期 6—9 月。生于谷地溪边、林缘及山坡灌丛中。

叶与根入药；清热利尿；治遗尿、疟疾、疥疮。根捣敷用于接骨。

腊莲绣球

Hydrangea strigosa Rehder

绣球属 *Hydrangea*　绣球科 Hydrangeaceae

落叶灌木，高 1.0 ~ 2.5 米。小枝灰褐色，密被粗伏毛。叶对生；叶片纸质，卵状长圆形，长 7 ~ 23 厘米，先端渐尖，基部楔形，边缘有带角质突尖的细锯齿，叶下面被粗伏毛；叶柄长 1.5 ~ 3.5 厘米，密被粗伏毛。伞房状聚伞花序，径 10 ~ 20 厘米，密被粗伏毛；萼片白色或带淡红色，花瓣粉蓝色或蓝紫色；子房下位，花柱 2 枚。蒴果半球形，顶端平截。花期 6—8 月，果期 9—11 月。生于林下、溪沟边或山坡灌丛中。

根入药；解毒消肿，祛风止带；治肿毒、胸腹胀满、感冒、疟疾。

绣球

Hydrangea macrophylla (Thunb.) Ser.

绣球属 *Hydrangea*　绣球科 Hydrangeaceae

落叶灌木，高 1 ~ 2 米。小枝粗壮，无毛，有明显的皮孔和大型叶迹。叶对生；叶片近肉质，倒卵形或宽卵形，长 8 ~ 20 厘米，宽 4 ~ 10 厘米，先端短渐尖，基部宽楔形，边缘除基部外还有三角形粗锯齿；叶柄粗，长 1 ~ 4 厘米。伞房花序顶生，球形，径可达 20 厘米；花白色，后变粉红色或蓝色，全部为不育花。花期 6—7 月。常见栽培。

叶入药，有小毒；抗疟，解热；主治疟疾、心热惊悸、烦躁。

中国绣球 伞形绣球

Hydrangea chinensis Maxim.

绣球属 *Hydrangea* 绣球科 Hydrangeaceae

灌木，高 1.0 ~ 2.5 米。树皮薄片状剥落。幼枝红紫色，被柔毛，二年生枝暗紫色。叶对生；叶片纸质，倒卵状长圆形，长 4 ~ 18 厘米，先端渐尖或长渐尖，基部楔形，边缘近基部以上有小锯齿，下面带粉绿色，脉腋有簇毛。伞形聚伞花序，无总花梗，通常有分枝 5 条；放射花萼片白色；孕性花花瓣黄色，子房半上位，花柱 3 ~ 4 枚，宿存。蒴果近椭圆形。花期 5—9 月，果期 8—9 月。生于山坡林下、灌丛中或溪沟边。

根入药。功效与腊莲绣球相同。

钻地风

Schizophragma integrifolium Oliv.

钻地风属 *Schizophragma*　绣球科 Hydrangeaceae

落叶木质藤本。小枝赤褐色，无毛。叶对生；叶片薄革质，卵形或宽卵形，长 6 ~ 15 厘米，全缘或中部以上具稀少疏离小齿，两面绿色。伞房状聚伞花序顶生，径达 23 厘米。花二型：放射花仅由 1 枚大萼片组成，萼片乳白色，长 2.0 ~ 4.5 厘米；孕性花小形，花瓣绿色，雄蕊 10 枚。蒴果褐色，陀螺形。花期 6—7 月，果期 8—10 月。生于山坡林中或溪流旁岩石上，常攀援于石壁和树上。

根及藤茎入药；舒筋活络，祛风活血；主治风湿痹痛、四肢关节酸痛。

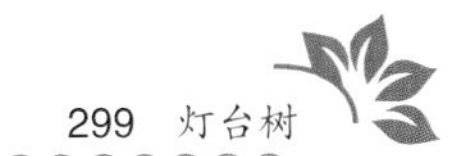

灯台树

***Cornus controversa* Hemsl.**

山茱萸属 *Cornus*　山茱萸科 Cornaceae

落叶乔木，高 3 ～ 13 米。枝条淡绿色，皮孔及叶痕明显。叶互生，叶片宽卵形，长 5 ～ 9 厘米，宽 4.0 ～ 7.5 厘米，先端急尖，基部圆形。伞房状聚伞花序，顶生，径 7 ～ 13 厘米；花小，白色；花萼、花瓣、雄蕊 4 枚。果球形，成熟时蓝黑色。花期 5 月，果期 8—9 月。生于山沟阳坡杂木林中或常绿阔叶林缘。

树皮或根、叶入药；清热平肝，消肿止痛；主治头痛、眩晕、咽喉肿痛、关节酸痛、跌打肿痛。

山茱萸

Cornus officinalis Siebold et Zucc.

山茱萸属 *Cornus*　山茱萸科 Cornaceae

落叶灌木或小乔木，高 3 ~ 6 米。小枝绿色。叶对生；叶片纸质，卵状椭圆形，长 5 ~ 9 厘米，先端渐尖，基部浑圆或楔形，全缘，上面绿色，下面淡绿色，脉腋密生淡黄褐色簇毛，侧脉 5 ~ 8 对，弧状内弯。伞形花序生于侧枝顶；花小，黄色，先叶开放；萼片、花瓣、雄蕊 4 枚；子房下位。果长椭圆形，长 1.2 ~ 2.0 厘米，熟时深红色。花期 3—4 月，果期 9—10 月。生于山谷溪边或向阳山坡落叶疏林中。

果肉入药；补肝肾，涩精气，固虚脱；主治腰膝酸痛、眩晕耳鸣、阳痿遗精、遗尿尿频、崩漏带下、大汗虚脱、内热消渴。

八角枫

Alangium chinense (Lour.) Harms

八角枫属 *Alangium* 山茱萸科 Cornaceae

落叶乔木或灌木，高 3 ~ 5 米。小枝略呈“之”字形曲折。叶片纸质，近圆形、椭圆形或卵形，长 12 ~ 20 厘米，全缘或 3 ~ 7 裂，基部极偏斜，基出脉 3 ~ 5 条；叶柄长 2.5 ~ 3.5 厘米。聚伞花序有花 7 ~ 30 朵；花瓣黄白色，长 1.0 ~ 1.5 厘米，雄蕊与花瓣同数。核果卵球形，顶端具宿存的萼齿和花盘，成熟时黑色。花期 6—7 月，果期 9—10 月。生于低海拔的沟谷林缘及向阳的山地疏林中。

细根入药；祛风除湿，舒筋活络，散瘀止痛；主治风湿骨痛、麻木瘫痪。本品有毒，孕妇慎用。

瓜木

Alangium platanifolium (Siebold et Zucc.) Harms

八角枫属 *Alangium* 山茱萸科 Cornaceae

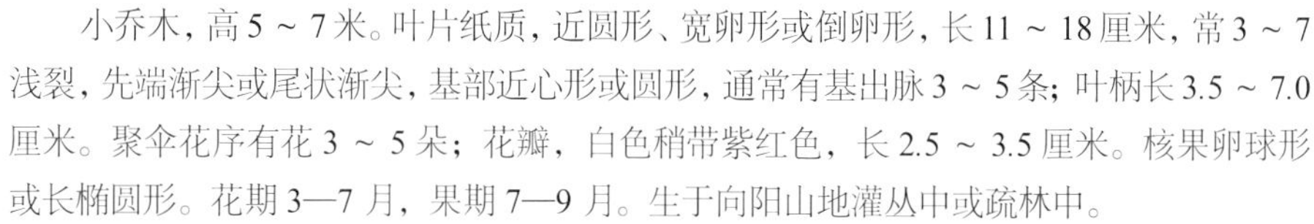

小乔木，高 5 ~ 7 米。叶片纸质，近圆形、宽卵形或倒卵形，长 11 ~ 18 厘米，常 3 ~ 7 浅裂，先端渐尖或尾状渐尖，基部近心形或圆形，通常有基出脉 3 ~ 5 条；叶柄长 3.5 ~ 7.0 厘米。聚伞花序有花 3 ~ 5 朵；花瓣，白色稍带紫红色，长 2.5 ~ 3.5 厘米。核果卵球形或长椭圆形。花期 3—7 月，果期 7—9 月。生于向阳山地灌丛中或疏林中。

树皮入药，功效同八角枫。

区别特征：八角枫叶柄长 2.5 ~ 3.5 厘米，聚伞花序有花 7 ~ 30 朵；瓜木叶柄长 3.5 ~ 7.0 厘米，聚伞花序有花 3 ~ 5 朵。

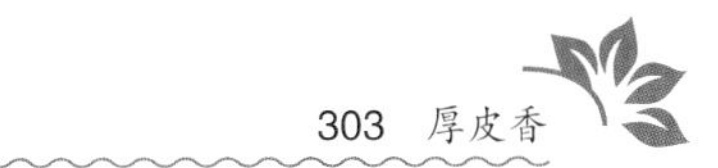

厚皮香

Ternstroemia gymnanthera (Wight et Arn.) Sprague

厚皮香属 *Ternstroemia*　五列木科 Pentaphylacaceae

小乔木，全体无毛。单叶互生；叶片革质，椭圆形，长 4.5 ~ 10.0 厘米，宽 2 ~ 4 厘米，先端通常急钝尖或钝渐尖，基部楔形而下延，全缘或在上半部具不明显的疏钝锯齿。花单独腋生或侧生，淡黄白色；萼片和花瓣各 5 枚，雄蕊多数。果实圆球形，熟时红色。花期 6—7 月，果期 9—10 月。生于山坡或谷地林中或林缘。

叶及全株入药，有小毒；清热解毒，散瘀消肿；治疮痈肿毒、乳痈。

老鸦柿

Diospyros rhombifolia Hemsl.

柿树属 *Diospyros*　柿树科 Ebenaceae

落叶有刺灌木，高 1 ～ 3 米。单叶互生；叶片纸质，卵状菱形或倒卵形，长 3 ～ 7 厘米，宽 1 ～ 4 厘米，先端急尖或钝，基部楔形。花单生于叶腋，单性，雌雄异株。雄花花萼裂片线状披针形；花冠白色，坛形。雌花花萼几全裂，裂片 4 枚，线形；花冠白色，坛形。浆果球形，熟时呈棕红色。花期 4—5 月，果期 8—10 月。生于山坡灌丛或岩石缝中。

根或枝入药；清湿热，利肝胆，活血化瘀；治急性黄疸型肝炎、肝硬化、跌打损伤。

柿

Diospyros kaki Thunb.

柿树属 *Diospyros* 柿树科 Ebenaceae

落叶小乔木，高 4 ～ 10 米。叶互生；叶片厚膜质，宽椭圆形，长 5.5 ～ 16.0 厘米，宽 3.5 ～ 10.0 厘米，基部宽楔形或近圆形，上面深绿色，有光泽，下面疏生褐色柔毛。花雌雄异株；雄花 3 朵集成短聚伞花序；花萼 4 深裂；花冠黄白色，坛状。雌花单生于叶腋，花冠白色，坛状。果橙黄色或橘红色，有光泽。花期 4—5 月，果熟期 8—10 月。零星栽培。

柿蒂、柿霜、根入药。柿蒂降逆止呃，止咳下气；治呃逆、咳嗽、血尿。柿霜清热润肺，生津止渴，宁心泻火，凉血止血；治肺热燥咳、咽干喉痛、口舌生疮、吐血、消渴。柿根凉血止血；治血崩、痔疮。

矮桃　珍珠菜

Lysimachia clethroides Duby

珍珠菜属 *Lysimachia*　报春花科 Primulaceae

多年生草本。茎直立，高 45 ~ 100 厘米。叶互生；叶片椭圆形，长 6 ~ 13 厘米，宽 2.0 ~ 5.5 厘米，先端渐尖，基部楔形，渐狭窄成短柄，两面疏生黑色腺点。总状花序顶生，结果时伸长可达 34 厘米；花萼 5 深裂，裂片散生黑色腺点；花冠白色，管状钟形，花梗长 0.5 ~ 1.0 厘米。蒴果球形。花期 6—7 月，果期 8—10 月。生于山坡林下及林缘。

全草入药；活血调经，解毒消肿；治月经不调、小儿疳积、风湿性关节炎、跌打损伤、乳腺炎、蛇咬伤。孕妇忌服。

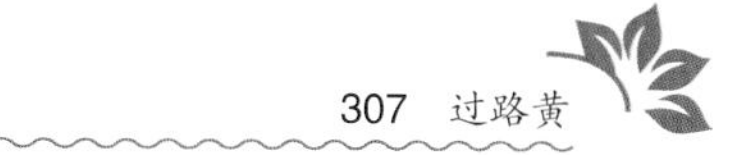

过路黄

Lysimachia christinae Hance

珍珠菜属 *Lysimachia* 报春花科 Primulaceae

多年生匍匐草本。叶、萼及花冠压干后均散布显著的黑色腺条，但在新鲜时则为透明腺条。叶对生；叶片心形，长 2 ~ 4 厘米，基部浅心形，两面无毛或有短伏毛，侧脉 3 ~ 4 对；叶柄长 1 ~ 3 厘米。花单生于叶腋；花梗常与叶等长或比叶长；花冠黄色。蒴果球形，疏具黑色腺条。花期 5—7 月，果期 8—9 月。生于山坡路边、沟边及林缘较阴湿处。

全草入药；利湿退黄，利尿通淋，解毒消肿；主治湿热黄疸、石淋、热淋、痈肿疔疮、毒蛇咬伤。

星宿菜

Lysimachia fortunei Maxim.

珍珠菜属 *Lysimachia* 报春花科 Primulaceae

多年生草本。茎直立，高30 ~ 70厘米，圆柱形，散生黑色腺点及腺条，基部常带紫红色。叶互生；叶片椭圆形或宽披针形，长2 ~ 8厘米，宽0.5 ~ 2.7厘米，基部楔形，边缘密生多数红色或粒状腺点；叶柄短或近无柄。花密生，成长5 ~ 26厘米的顶生总状花序；花萼5深裂，散生黑色腺点或腺条；花冠白色，花梗长0.2 ~ 0.3厘米。蒴果球形。花期6—7月，果期8—10月。生于溪边、湿地路旁、林缘草丛中。

全草入药；活血散瘀，利水化湿；治跌打损伤、风湿关节痛、闭经、乳痈、目赤肿痛、水肿、黄疸、疟疾、痢疾。

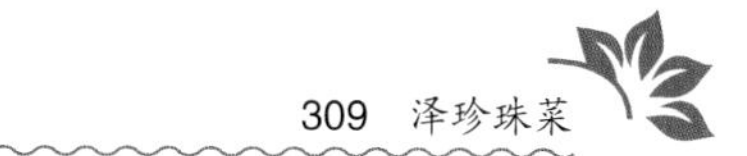

泽珍珠菜

Lysimachia candida Lindl.

珍珠菜属 *Lysimachia* 报春花科 Primulaceae

多年生无毛草本，高 15 ~ 40 厘米。茎直立，圆柱形，肉质，基部常带红色。基生叶片匙形，长 3.0 ~ 4.5 厘米，具带狭翼的长柄；茎生叶互生，叶片线状倒披针形至线形，先端钝，基部下延成短柄，两面与苞片及花萼均散生黑色偶暗红色腺点及短腺条。总状花序顶生，果时长可达 20 厘米；花冠白色，花梗长 0.6 ~ 1.0 厘米。蒴果球形。花、果期均为 4—5 月。生长在沟边或湿地草丛中。

全草入药；清热解毒，活血，凉血；治痈疮肿毒、跌打损伤、毒蛇咬伤。

点地梅

Androsace umbellata (Lour.) Merr.

点地梅属 *Androsace*　报春花科 Primulaceae

一年或二年生草本。基生叶集成莲座状；叶片圆形至心圆形，径 0.5 ~ 1.5 厘米，边缘具粗大的三角状牙齿；花葶常数条到多条，高 5 ~ 15 厘米，花梗细；花冠白色，高脚碟状。蒴果近球形，成熟时顶端 5 裂。生于低海拔的草地、林缘、路旁。

全草入药；清热解毒，消肿止痛；主治扁桃体炎、咽喉炎、风火赤眼、跌打损伤、咽喉肿痛等。

朱砂根

Ardisia crenata Sims

紫金牛属 *Ardisia* 报春花科 Primulaceae

小灌木，高 0.4 ~ 1.5 米，全体无毛。根肥壮，肉质。叶互生，纸质至革质，常聚集枝顶；叶片椭圆形或椭圆状披针形，长 6 ~ 14 厘米，边缘皱波状，具圆齿，齿缝间有黑色腺点，两面具点状凸起的腺体。伞形花序或聚伞花序，生于侧枝顶端和叶腋，侧生花枝常有叶；花淡红色，盛开时常翻卷。果球形，鲜红色。花期 6—7 月，果期 10—11 月。生于常绿阔叶林或混交林下灌丛中。

根、叶入药；清热解毒，活血祛瘀，消肿止痛；主治咽喉肿痛、跌打损伤、外伤骨折、风湿骨痛、胃痛。

紫金牛

Ardisia japonica (Thunb.) Blume

紫金牛属 *Ardisia*　报春花科 Primulaceae

小灌木，具匍匐茎，长而横走。茎高 20 ~ 30 厘米，不分枝。叶对生或近轮生，常 3 ~ 4 叶聚生于茎梢；叶片坚纸质，狭椭圆形，长 4 ~ 9 厘米，宽 1.0 ~ 4.5 厘米，边缘具细锯齿，散生腺点。花序近伞形，腋生，有花 2 ~ 5 朵，常下垂；花冠白色或带粉红色，具红色腺点。果由鲜红色转紫黑色。花期 5—6 月，果期 9—11 月。生于山坡、沟谷常绿阔叶林或混交林下灌丛中。

全草入药；止咳化痰，清利湿热，活血化瘀；主治新久咳嗽、痰中带血、慢性支气管炎、湿热黄疸、跌打损伤。

木荷

Schima superba Gardner et Champ.

木荷属 *Schima*　山茶科 Theaceae

乔木，高达 20 米，树干挺直。单叶互生；叶片厚革质，卵状椭圆形，长 8 ~ 14 厘米，宽 3 ~ 5 厘米，先端急尖至渐尖，基部楔形或宽楔形，边缘有浅钝锯齿。花白色，单独腋生或数朵集生枝顶。蒴果近扁球形。花期 6—7 月，果期 10—11 月。生于山谷、山坡常绿阔叶林中。

根皮入药，有大毒；攻毒，消肿；外敷用于治疗疔疮、无名肿毒。不可内服。

白檀

Symplocos paniculata (Thunb.) Miq.

山矾属 *Symplocos* 山矾科 Symplocaceae

落叶灌木，高达 8 米。单叶互生；叶片椭圆形，长 4.0 ~ 9.5 厘米，宽 2.0 ~ 5.5 厘米，先端急尖或渐尖，边缘有细锐锯齿。圆锥花序生于新枝顶端；花冠白色，芳香，雄蕊约 25 枚，基部合生成五体。核果卵形，黑色。花期 5—6 月，果期 9 月。生于山脊阔叶林中或山坡灌丛中。

全株入药；消炎软坚，调气；主治乳腺炎、淋巴结炎、疝气、肠痈、胃癌、疮疖。

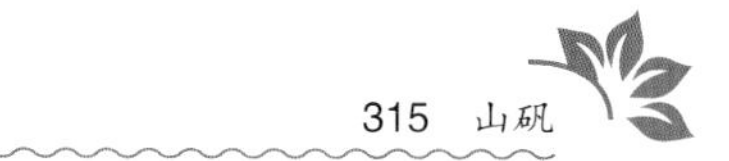

山矾

Symplocos sumuntia Buch.-Ham. ex D. Don

山矾属 *Symplocos*　山矾科 Symplocaceae

常绿灌木或小乔木，高达7米。幼枝褐色，老枝深褐色，无毛。叶片薄革质，卵形，长4～8厘米，先端通常尾状渐尖，基部宽楔形，边缘有稀疏浅锯齿，两面无毛，中脉在上面2/3以下部分凹下，1/3以上部分凸起，干后两面变黄绿色。总状花序疏松；花冠白色。核果坛状，黄绿色。花期3—4月，果期6月。生于山地林间。

根、叶、花入药。根祛风除湿，清热凉血；治黄疸、痢疾、风火头痛、腰背关节疼痛、血崩。叶润肺止咳，清热解毒，凉血止血；治肺痨咯血、便血、急性扁桃体炎、急性中耳炎。花理气化痰；治咳嗽、胸闷。

羊踯躅

Rhododendron molle (Blume) G. Don

杜鹃花属 *Rhododendron* 杜鹃花科 Ericaceae

落叶灌木，高 1 ~ 2 米。叶片纸质，长圆形，长 6 ~ 12 厘米，宽 2.0 ~ 3.5 厘米，先端急尖或钝，有短尖头，基部楔形，边缘密被刺毛状睫毛。伞形总状花序顶生，有花 5 ~ 10 朵，花叶同放；花冠黄色；雄蕊 5 枚，等长于花冠。蒴果圆柱状长圆形，长 2.5 ~ 3.5 厘米。花期 4—5 月，果期 8—9 月。生于山坡灌丛或林中。

花入药，称闹羊花，有大毒；祛风除湿，散瘀定痛；治风湿痹痛、偏正头痛、顽癣、跌扑肿痛。本品慎内用。

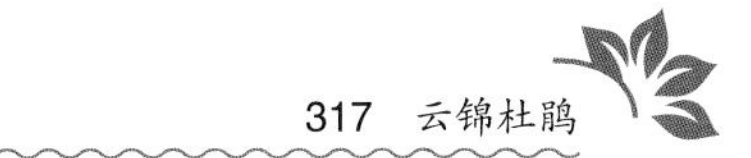

云锦杜鹃

***Rhododendron fortunei* Lindl.**

杜鹃花属 *Rhododendron*　杜鹃花科 Ericaceae

常绿灌木，高 2 ~ 7 米。枝粗壮，淡绿色。叶聚生枝端；叶片厚革质，长圆形，长 7 ~ 18 厘米，宽 2.5 ~ 6.0 厘米，先端急尖或圆钝，具小尖头，基部宽楔形至微心形，全缘。伞形总状花序顶生，通常有 6 ~ 10 朵花；花冠粉红色或白色略带粉红，雄蕊 14 ~ 16 枚，短于花冠。蒴果长圆形。花期 5—6 月，果期 10—11 月。生于沟谷阔叶林中或山顶灌草丛中。

鲜花、叶入药；清热解毒，敛疮；主治皮肤抓破溃烂、跌打损伤。

南烛 乌饭树

Vaccinium bracteatum **Thunb.**

越桔属 *Vaccinium* 杜鹃花科 Ericaceae

常绿灌木，高1 ~ 4米。小枝幼时略被细柔毛，后变无毛。叶片革质，椭圆形或长椭圆形，长3.5 ~ 6.0厘米，宽1.5 ~ 3.5厘米，边缘有细锯齿，下面脉上有刺突，网脉明显。总状花序腋生，长2 ~ 6厘米；花冠白色，卵状圆筒形；雄蕊10枚。浆果球形，熟时紫黑色。花期6—7月，果期10—11月。生于灌丛中或林下。

根、叶和果实入药。根散瘀消肿；治牙痛、跌打损伤。叶益肾涩精，补肝明目；治腹泻、肠胃炎。果实益肾固精，强筋明日；治梦遗、久痢久泻。

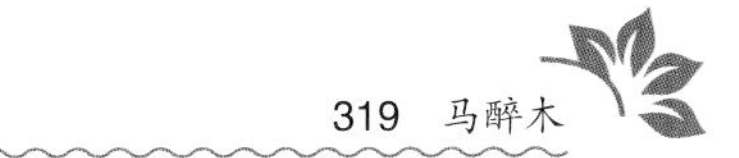

马醉木

Pieris japonica (Thunb.) D. Don ex G. Don

马醉木属 *Pieris* 杜鹃花科 Ericaceae

常绿灌木；高达3.5米。枝绿色或带淡紫红色，稍有纵棱。叶聚生枝顶；叶片倒披针形，长5 ~ 10厘米，宽1 ~ 3厘米，先端渐尖或长渐尖，基部楔形，边缘上半部有钝锯齿。总状花序常簇生枝顶或成圆锥花序，长6 ~ 15厘米；花冠白色，坛状。蒴果球形。花期3—4月，果期8—9月。生于山坡、沟谷和山顶的林下或灌丛中。

叶入药，有剧毒；杀虫；水煎外洗治疥疮。本品不可内服。

杜仲

Eucommia ulmoides Oliv.

杜仲属 *Eucommia*　杜仲科 Eucommiaceae

落叶乔木，高 4 ~ 7 米。叶片含杜仲胶，折断有白色细丝相连。叶互生；叶片椭圆状卵形，长 6 ~ 16 厘米，宽 4 ~ 9 厘米，先端渐尖，基部宽楔形，边缘有细锯齿。花单性异株；雄花簇生，无花被，苞片倒卵状匙形，雄蕊 5 ~ 10 枚，花药线形，花丝极短。具翅小坚果扁平，长椭圆形，长 3.0 ~ 3.5 厘米，宽 1.0 ~ 1.3 厘米。花期 4 月，果期 9—10 月。生于谷底或低坡疏林中。

叶、树皮入药。树皮为杜仲，补肝肾，强筋骨，安胎；治腰脊酸疼、遗精、滑精、小便余沥、胎动不安。杜仲叶补肝肾，强筋骨；用于治疗肝肾不足、头晕目眩、腰膝酸痛、筋骨痿软。

虎刺

Damnacanthus indicus Gaertn.

虎刺属 *Damnacanthus* 茜草科 Rubiaceae

常绿小灌木，高可达1米。茎多分枝，逐节生针状刺，刺长1～2厘米，对生于叶柄间。叶片革质或亚革质，卵形至宽卵形，长1.0～2.5厘米，宽0.8～1.5厘米，先端急尖，稀短渐尖，基部圆形，略偏斜，全缘，干后反卷；叶柄短，密被柔毛。花单生或成对生于叶腋，花梗短；花冠白色。果成熟时红色。花期4—5月，果期7—11月。生于山谷溪边及路旁林下灌丛中或石隙间。

根入药；祛风利湿，活血止痛；用于治疗肝炎、风湿筋骨痛、跌打损伤、龋齿痛。

栀子

Gardenia jasminoides Ellis

栀子属 *Gardenia*　茜草科 Rubiaceae

常绿直立灌木，高通常1米以上。小枝绿色，密被垢状毛。叶对生或3叶轮生；叶片革质，倒卵状椭圆形，长4 ~ 14厘米，宽1.5 ~ 4.0厘米，先端渐尖至急尖，基部楔形，全缘，两面无毛。花单生于小枝顶端，芳香；花冠白色，高脚碟状。果橙黄色至橙红色，通常卵形，有5 ~ 8纵棱。花期5—7月，果期8—11月。生于山谷溪边及路旁林下灌丛中。

果实入药；泻火除烦，清热利尿，凉血解毒；治热病虚烦、黄疸、淋病、目赤、咽痛、吐血、衄血、尿血、热毒疮疡、扭伤肿痛。

细叶水团花

Adina rubella Hance

水团花属 *Adina*　茜草科 Rubiaceae

落叶灌木，高达 2 米。小枝红褐色，嫩枝密被短柔毛。叶对生；叶片纸质，卵状椭圆形或宽卵状披针形，长 2.5 ~ 4.0 厘米，宽 0.8 ~ 2.0 厘米，先端短渐尖至渐尖，基部宽楔形，全缘；叶柄极短；托叶 2 深裂，裂片披针形。头状花序通常单个顶生，径约 1.0 厘米；总花梗长 2.0 ~ 4.5 厘米；花冠淡紫红色；雄蕊 5 枚；花柱长 0.8 ~ 1.0 厘米。花期 6—7 月，果期 8—10 月。生于山谷、溪边、石隙或灌丛中。

根入药；清热解毒，散瘀止痛；治感冒发热、上呼吸道炎、腮腺炎。

东南茜草

Rubia argyi (H. Lév. et Vaniot) Hara ex Lauener et D.K. Ferguson

茜草属 *Rubia*　茜草科 Rubiaceae

多年生攀援草本。根圆柱形，多条簇生，紫红色或橙红色。茎具 4 棱，棱上有倒生小刺。叶通常 4 片轮生；叶片纸质，三角状卵形，长 2 ~ 7 厘米，先端急尖，基部心形，边缘具倒生小刺，下面脉上有倒生小刺，基出脉通常 5 条；叶柄长 1 ~ 8 厘米。圆锥状的聚伞花序；花冠黄绿色；雄蕊着生于花冠筒喉部。果成熟时黑色。花期 7—9 月，果期 9—11 月。生于山坡路边及溪边湿润之林下灌丛中。

根及根状茎入药；活血止血，通经活络，散瘀止痛；主治咯血、呕血、衄血、尿血、闭经、劳伤骨痛、跌打瘀痛。

白马骨

Serissa serissoides (DC.) Druce.

白马骨属 *Serissa*　茜草科 Rubiaceae

小灌木，高 30 ~ 100 厘米，多分枝。小枝灰白色。叶片纸质或坚纸质，通常卵形或长圆状卵形，长 1 ~ 3 厘米，宽 0.5 ~ 1.2 厘米，先端急尖，具短尖头，基部楔形至长楔形，全缘；托叶膜质，基部宽，先端分裂成刺毛状。花数朵簇生，无梗；花冠白色，漏斗状，长约 0.5 厘米，顶端 4 ~ 6 裂。花期 7—8 月，果期 10 月。生于山坡路旁及溪边林下灌丛中或石缝中。

全草入药，称为六月雪；活血，利湿，健脾；用于治疗肝炎、肠炎腹泻、小儿疳积。

羊角藤

Morinda umbellata subsp. *obovata* Y.Z. Ruan

巴戟天属 *Morinda*　茜草科 Rubiaceae

常绿攀援灌木。小枝被粗短柔毛，老时渐脱落。叶对生；叶片薄革质，形状变化较大，倒卵状长圆形或长圆形等，长4 ~ 12厘米，宽1.5 ~ 4.0厘米，全缘。花序顶生，通常由4 ~ 10个小头状花序再组成伞形式花序，每个小头状花序有花6 ~ 12朵；花冠白色。聚花果扁球形或近肾形，成熟时红色。花期6—7月，果期7—10月。生于山坡谷地及溪边路旁林中。

根及根皮入药；祛风湿；治风湿痹痛、肾虚腰痛。

鸡矢藤

Paederia scandens (Lour.) Merr.

鸡矢藤属 *Paederia*　茜草科 Rubiaceae

柔弱缠绕藤本，长 3 ～ 5 米，灰褐色，叶子揉碎后有鸡屎味。叶对生；叶片纸质，通常卵形或长卵形，长 5 ～ 16 厘米，先端急尖至短渐尖，基部心形至圆形，全缘。圆锥状聚伞花序腋生或顶生；花冠白色带有浅紫色，钟状。果球形，成熟时蜡黄色，平滑，具光泽。花期 7—8 月，果期 9—11 月。生于山坡谷地及溪边路旁林下的灌丛中。

地上部分入药；消食健胃，化痰止咳，清热解毒，止痛；主治小儿疳积、支气管炎、百日咳、肝炎、痢疾、风湿骨痛、跌打损伤、毒蛇咬伤。

龙胆

Gentiana scabra Bunge

龙胆属 *Gentiana* 龙胆科 Gentianaceae

多年生具根茎草本。茎直立，高 30 ～ 90 厘米，略具 4 棱，具乳头状毛。叶对生；叶片卵形或卵状披针形，长 2 ～ 7 厘米，宽 0.8 ～ 2.0 厘米，先端渐尖，基部圆形，边缘及下面中脉有乳头状毛，无柄。花大，单生或簇生于茎端或叶腋，无花梗；花冠蓝紫色，管状钟形；雄蕊 5 枚，花丝基部具宽翅。蒴果长圆形 。花期 9—10 月，果期 11 月。生于山坡草地灌丛中或山顶草丛中。

根及根茎入药；清热燥湿，泻肝胆火；治肝经热盛、惊痫狂躁、头痛、目赤、咽痛、黄疸、热痢、痈肿疮疡、阴囊肿痛、阴部湿痒。

络石

Trachelospermum jasminoides (Lindl.) Lem.

络石属 *Trachelospermum*　夹竹桃科 Apocynaceae

常绿木质藤本，具气根。叶对生；叶片革质，椭圆形、宽椭圆形，长 2.0 ~ 8.5 厘米，宽 1 ~ 4 厘米，上面无毛，下面具毛，渐秃净；叶柄短。聚伞花序多花组成圆锥状，腋生或顶生；花冠白色，芳香，高脚碟状，雄蕊 5 枚，着生于花冠筒中部，花药箭头形。蓇葖果双生，叉开，披针状圆柱形，长 5 ~ 18 厘米。花期 4—6 月，果期 8—10 月。生于山野、林缘或杂木林中，常攀援于树上、墙上或岩石上。

带叶茎藤入药；祛风，通络，凉血，消肿；主治跌打损伤、风湿痹痛、痈肿。

蔓剪草

Cynanchum chekiangense M. Cheng

鹅绒藤属 *Cynanchum*　夹竹桃科 Apocynaceae

多年生蔓性草本。茎单一，下部直立，上部蔓生，缠绕状。叶对生或中间 2 对很靠近，似 4 叶轮生状；叶片薄纸质，卵状椭圆形，长 10 ~ 28 厘米，宽 4 ~ 15 厘米，先端急尖或骤渐尖，基部宽楔形；叶柄长 1.5 ~ 2.5 厘米。伞形聚伞花序腋生；花冠深红色。蓇葖果常单生，纺锤形，长 5 ~ 10 厘米，径 1.0 ~ 1.3 厘米，向端部长渐尖。花期 5—6 月，果期 7—9 月。生于山坡路旁杂草丛中、溪边及密林中湿地。

根入药；主治跌打损伤、疥疮。

牛皮消

Cynanchum auriculatum Royle ex Wight

鹅绒藤属 *Cynanchum*　夹竹桃科 Apocynaceae

缠绕纤细藤本，地下有肥厚的块根。茎圆柱形，中空，具细纵条纹。叶对生；叶片宽卵状心形，长 4 ~ 16 厘米，先端渐尖，基部深心形，两侧常具耳状下延或内弯。聚伞花序伞房状，花冠白色，辐状。蓇葖果双生，披针状圆柱形。花期 6—8 月，果期 9—11 月。生于山坡路边灌丛中或林缘。

块根入药；消食健胃，理气止痛，催乳；主治饮食积滞、脘腹胀痛、乳汁不下或不畅。

竹灵消

Cynanchum inamoenum (Maxim.) Loes.

鹅绒藤属 *Cynanchum*　夹竹桃科 Apocynaceae

多年生直立草本。茎高 25 ~ 80 厘米，圆柱形，中空，基部常有分枝。叶对生；叶片宽卵形或宽椭圆形，长 3.0 ~ 8.5 厘米，宽 1.5 ~ 4.5 厘米，基部近心形，边缘有睫毛。伞形聚伞花序于近梢部腋生，有花 8 ~ 13 朵；花冠黄色。蓇葖果双生，狭披针状圆柱形。花期 5—7 月，果期 7—10 月。生于山谷林下岩隙中及路边林下。

根入药；除烦清热，散毒，通疝气；主治妇女血厥、产后虚烦、妊娠遗尿、疥疮及淋巴结炎等。

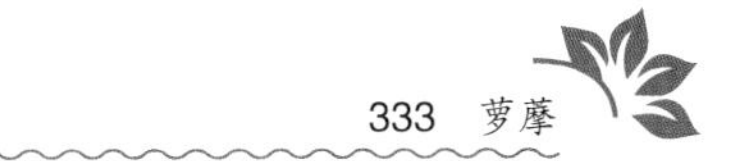

萝藦

***Metaplexis japonica* (Thunb.) Makino**

萝藦属 *Metaplexls* 夹竹桃科 Apocynaceae

多年生草质藤本，具乳汁。茎有纵条纹，幼时密被短柔毛，老时脱落。叶膜质，卵状心形，长 5 ~ 12 厘米，宽 4 ~ 7 厘米，先端短渐尖，基部心形，叶耳圆，叶背粉绿色，两面无毛，叶柄顶端具腺体。总状式聚伞花序腋生，具长总花梗，6 ~ 12 厘米；花冠白色，有淡紫色斑纹，花冠裂片披针形，张开，顶端反折。蓇葖果叉生，纺锤形。花期 7—8 月，果期 9—11 月。生于低海拔的山坡林缘灌丛中。

根或全草入药；补精益气，通乳，解毒；用于治疗阳痿、遗精、乳汁不足、疔疮、蛇虫咬伤。

附地菜

Trigonotis peduncularis (Trev.) Benth. ex Baker et Moore

附地菜属 *Trigonotis* 紫草科 Boraginaceae

一年生草本，高 10 ~ 35 厘米。茎细弱，单一或基部常分枝成丛生状，有短糙伏毛。基生叶密集，有长柄；叶片椭圆状卵形，基部近圆形，两面有短糙伏毛。聚伞花序顶生似总状，在果时可长达 25 厘米，花冠淡蓝色。花、果期均为 3—6 月。生于地边、沟边、湿地上及山坡荒地杂草丛中。

全草入药；温中健胃，消肿止痛，止血；用于治疗胃痛、吐酸、吐血。

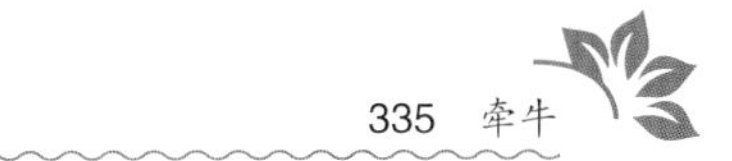

牵牛

Ipomoea nil (L.) Roth

番薯属 *Ipomoea* 旋花科 Convolvulaceae

一年生缠绕草本。叶宽卵形或近圆形，3 裂，偶 5 裂，长 4 ~ 15 厘米，宽 4.5 ~ 14.0 厘米，基部圆，心形，叶面或疏或密被微硬的柔毛。花腋生，单一或通常 2 朵着生于花序梗顶；花冠漏斗状，长 5 ~ 8（~ 10）厘米，蓝紫色或紫红色；雄蕊及花柱内藏。蒴果近球形，径 0.8 ~ 1.3 厘米，3 瓣裂。花期 7—8 月，果期 9—11 月。生于山坡灌丛、干燥河谷路边、山地路边，或为栽培。

种子入药，有毒；泻下去积，逐水退肿，杀虫；主治水肿、膨胀、痰饮喘咳、虫积腹痛。

马蹄金

Dichondra micrantha Urb.

马蹄金属 *Dichondra* 旋花科 Convolvulaceae

多年生伏地草本。茎细长，匍匐地面，节上生根。叶片肾形至近圆心形，先端钝圆或微凹，基部深心形，全缘，基出脉 7 ~ 9 条。花单生于叶腋；花梗较叶柄短；花冠黄色，宽钟状，雄蕊着生于花冠裂片之间；花柱 2 离生。蒴果近球形，径约 0.15 厘米。花期 4—5 月，果期 7—8 月。生于山坡路边石缝间或草地阴湿处。

全草入药，名为荷包草；祛风利湿，清热解毒；主治湿热黄疸、肾炎水肿、扁桃体炎、乳腺炎。

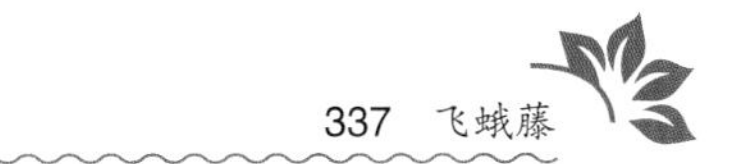

飞蛾藤

Dinetus racemosus (Roxb.) Buch.-Ham. ex Sweet

飞蛾藤属 *Dinetus*　旋花科 Convolvulaceae

多年生草质藤本。茎缠绕。单叶互生；叶片卵形或宽卵形，长 3 ~ 11 厘米，宽 1.7 ~ 8.0 厘米，先端渐尖或尾状尖，基部心形，全缘，基部具 7 ~ 9 条掌状脉，中部以上为羽状脉。花序总状或圆锥状，腋生；花冠白色，漏斗形。蒴果卵形。花期 8—9 月，果期 9—10 月。生于山坡灌丛间。

全草入药；发表，消食积；主治伤风感冒、食积不消。

打碗花

Calystegia hederacea Wall. ex Roxb.

打碗花属 *Calystegia*　旋花科 Convolvulaceae

多年生草本，具细圆柱形白色根茎。茎缠绕或平卧，具细棱。茎基部的叶片卵状长圆形，长 2 ~ 5 厘米，先端钝圆或急尖至渐尖，基部戟形；上部的叶片三角状戟形，3 裂，中裂片披针形或卵状三角形，侧裂片开展，基部箭形或戟形。花单生叶腋；花冠淡红色，漏斗状；雄蕊 5 枚。蒴果卵球形，长约 1 厘米。花期 5—8 月，果期 8—10 月。生于田间路旁、荒地上。

花和根状茎入药。根状茎健脾益气，利尿，调经止带；用于治疗脾虚消化不良、月经不调。花可止痛；外用治牙痛。

苦蘵

Physalis angulata L.

酸浆属 *Physalis*　茄科 Solanaceae

一年生草本。茎高 30 ~ 50 厘米，多分枝，分枝纤细。叶互生；叶片纸质，宽卵形，长 2 ~ 5 厘米，先端渐尖或急尖，基部偏斜，全缘或具不等大的牙齿。花单生于叶腋；花冠淡黄色，喉部常有紫色斑点，钟状，径 0.5 ~ 0.7 厘米，雄蕊 5 枚，花药紫色。浆果球形，径 1.0 ~ 1.2 厘米，被膨大的宿存萼所包围，熟时淡黄绿色。花期 7—9 月，果期 9—11 月。生于山坡林下、林缘、溪边及宅旁。

全草入药；清热解毒，利尿消肿；主治感冒发热、肺热咳嗽、咽喉肿痛、痢疾、水肿、疔疮。

龙珠

Tubocapsicum anomalum (Franch. et Sav.) Makino

龙珠属 *Tubocapsicum*　茄科 Solanaceae

多年生草本。茎直立，高 30 ~ 60 厘米，呈二歧分枝开展。单叶互生；叶片薄纸质，卵形或椭圆形，长 4.0 ~ 18.5 厘米，宽 2 ~ 8 厘米，先端渐尖，基部歪斜楔形，常下延至叶柄，全缘或略呈波状。花单生或 2 朵至数朵簇生于叶腋；花下垂；花冠淡黄色；雄蕊 5 枚，着生于花冠筒上。浆果球形，熟后橘红色至红色。花期 7—9 月，果期 8—11 月。生于山坡林缘、山谷溪边及灌草丛中。

全草或根、果实入药；清热解毒，利小便；主治小便淋痛、痢疾、疔疮。

白英

***Solanum lyratum* Thunb.**

茄属 *Solanum* 茄科 Solanaceae

多年生草质藤本。茎与小枝均密被具多节的长柔毛。叶互生；叶片琴形或卵状披针形，长 2.5 ~ 8.0 厘米，宽 1.5 ~ 6.0 厘米，先端急尖、渐尖，基部大多为戟形，3 ~ 5 深裂，裂片全缘，两面均有白色具光泽的长柔毛。聚伞花序疏花，总花梗长 1.0 ~ 2.5 厘米，花冠蓝紫色或白色。浆果球形，具小宿萼，成熟时红色。花期 7—8 月，果期 10—11 月。生于山谷草地或路旁田边。

全草入药；清热解毒，利湿消肿；用于治疗湿热黄疸、风热感冒，白带过多、风湿性关节炎。

龙葵

Solanum nigrum L.

茄属 *Solanum*　茄科 Solanaceae

一年生草本。茎高 30 ~ 60 厘米；茎有纵棱。叶互生；叶片卵形或卵状椭圆形，长 4 ~ 9 厘米，先端急尖或渐尖而钝，基部宽楔形或圆形不对称，全缘或具不规则的波状浅齿。蝎尾状花序近伞形状，腋外生，有花 4 ~ 10 朵；总花梗长 1.0 ~ 2.5 厘米。花冠白色，辐状，5 深裂；雄蕊 5 枚，不伸出花冠外。浆果球形，径 0.4 ~ 0.6 厘米，熟时紫黑色。花期 6—9 月，果期 7—11 月。生于山坡林缘、溪畔灌草丛中和田边及路旁。

全草入药，有小毒；清热解毒，利水消肿；主治小便不利、疮痈肿毒、皮肤湿疹、咽喉肿痛。

女贞

Ligustrum lucidum W.T. Aiton

女贞属 *Ligustrum*　木犀科 Oleaceae

常绿小乔木，高 5 ~ 10 米。树皮灰色，光滑不裂。单叶对生；叶片革质，卵形，长 8 ~ 13 厘米，先端渐尖或急尖，基部宽楔形，全缘，两面无毛。圆锥花序顶生，长 12 ~ 20 厘米；花冠白色，花冠筒顶端 4 裂；雄蕊 2 枚；雌蕊柱头 2 裂。浆果状核果，熟后蓝黑色。花期 7 月，果期 10 月至翌年 3 月。生于山谷杂木林中，或栽植于庭院和行道旁。

果实入药，名为女贞子；滋补肝肾，乌须明目；主治肝肾阴虚证。

半蒴苣苔

Hemiboea subcapitata C.B. Clarke

半蒴苣苔属 *Hemiboea*　苦苣苔科 Gesneriaceae

多年生草本。茎高 10 ~ 30 厘米，不分枝，肉质。叶对生；叶片肉质，椭圆形或倒卵状椭圆形，长 4 ~ 25 厘米，宽 2 ~ 11 厘米，先端急尖或渐尖，基部楔形下延，全缘或有波状钝齿。叶柄有翅，翅合生成船形。聚伞花序假顶生或腋生，具 3 ~ 10 朵花；花冠白色，具淡紫色斑点；子房线形。蒴果线状披针形，呈镰刀状。花期 8—9 月，果期 9—11 月。生于丘陵和山地阴湿的岩石缝中。

全草入药；清热利湿；主治湿热黄疸。

大花旋蒴苣苔

***Boea clarkeana* Hemsl.**

旋蒴苣苔属 *Boea*　苦苣苔科 Gesneriaceae

多年生草本。茎极短。叶基生；叶片卵形或宽卵形，长 2.5 ~ 11.0 厘米，宽 1.5 ~ 4.0 厘米，先端钝圆，基部宽楔形或偏斜，边缘细圆齿，两面具短糙伏毛。聚伞花序伞状，花冠白色或粉红色，钟状筒形，长 2.0 ~ 2.2 厘米，能育雄蕊 2 枚。蒴果长达 4 厘米，螺旋状扭曲。花、果期均为 7—9 月。生于丘陵或低山岩石上。

全草入药；止血，散血，消肿；外用治外伤出血、跌打损伤。

车前

Plantago asiatica L.

车前属 *Plantago* 车前科 Plantaginaceae

多年生草本。基生叶；叶片卵形至宽卵形，长 4 ~ 12 厘米，宽 4 ~ 9 厘米，先端钝，基部楔形，全缘或有波状浅齿，两面均无毛。穗状花序排列不紧密，长 20 ~ 30 厘米；花绿白色。蒴果椭圆形。花、果期均为 4—8 月。常见于圃地、荒地或路旁草地。

全草与种子可入药；清热利尿，祛痰，凉血，解毒；用于治疗水肿尿少、热淋涩痛、暑湿泻痢、痰热咳嗽、吐血衄血、痈肿疮毒。

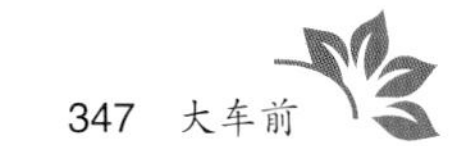

大车前

Plantago major L.

车前属 *Plantago* 车前科 Plantaginaceae

多年生草本。根状茎粗短，具须根。基生叶直立，密生；叶片厚纸质，宽卵形，长 5 ~ 30 厘米，先端圆钝，基部渐狭，边缘波状或有不整齐锯齿，两面有柔毛，基出掌状脉 5 ~ 7 条。穗状花序长 4 ~ 9 厘米，花无柄。花期 4—5 月，果期 5—7 月。生于路旁、沟边、田埂潮湿处。

全草及种子入药；功效同车前。中药车前草为车前、大车前及平车前的全草。

区别特征：大车前叶片厚纸质，种子 6 ~ 18 粒，花无柄；车前叶片薄纸质，种子 4 ~ 6 粒，花具极短柄。

阿拉伯婆婆纳

Veronica persica Poir.

婆婆纳属 *Veronica* 车前科 Plantaginaceae

一至二年生草本。茎高 10 ~ 25 厘米，自基部分枝，下部伏生地面，斜上。叶在茎基部的对生，上部的互生；叶片卵圆形或卵状长圆形，长 0.6 ~ 2.0 厘米，宽 0.5 ~ 1.8 厘米，先端圆钝，基部浅心形，边缘具钝齿，两面疏生柔毛。花单生于叶状苞片的叶腋，苞片互生，与叶同形；花冠蓝色或紫色；雄蕊短于花冠。蒴果肾形。花、果期均为 2—5 月。生于田间、路旁。

全草入药；祛风除湿，壮腰，截疟；主治风湿痹痛、肾虚腰痛、疟疾。

婆婆纳

Veronica didyma Tenore

婆婆纳属 *Veronica* 车前科 Plantaginaceae

一至二年生草本。茎高 10 ~ 25 厘米，自基部分枝，下部伏生地面，斜上。叶在茎下部的对生，上部的互生；叶片心形至卵圆形，长 0.5 ~ 1.0 厘米，宽 0.6 ~ 0.7 厘米，先端圆钝，基部圆形，边缘有深切的钝齿，两面被白色长柔毛，具短柄。花单生于苞腋，苞片呈叶状；花梗比苞片略短；花冠淡紫色、蓝色、粉红色或白色；雄蕊比花冠短。蒴果近肾形，顶端凹口近直角。花、果期均为 3—10 月。生于路边、田间。

全草入药；补肾强腰，解毒消肿；用于治疗肾虚腰痛、疝气、睾丸肿痛。

区别特征：婆婆纳花梗比苞叶略短，蒴果顶端凹口角度近直角，宿存花柱与凹口齐平或略超过；阿拉伯婆婆纳花梗比苞叶长，蒴果顶端凹口大于直角，花柱明显伸出凹口。

爬岩红

Veronicastrum axillare (Siebold et Zucc.) T. Yamaz.

腹水草属 *Veronicastrum* 车前科 Plantaginaceae

多年生草本。茎细长而拱曲，中上部有棱脊。叶互生；叶片纸质，无毛，卵形至卵状披针形，长 5 ~ 19 厘米，宽 2.5 ~ 5.0 厘米，先端渐尖，基部圆形或宽楔形，边缘具偏斜的三角状锯齿，具短柄。穗状花序腋生，长 1.5 ~ 3.0 厘米；花无梗；花冠紫色或紫红色；雄蕊略伸出。蒴果卵圆形。花、果期均为 7—11 月。生于林下、林缘、草地及山谷阴湿处。

全草入药；逐水消肿，清热解毒；用于治疗急性结膜炎、急性肾炎、肝硬化腹水、黄疸型肝炎；外用治疮疡肿毒。

醉鱼草

Buddleja lindleyana Fortune

醉鱼草属 *Buddleja* 玄参科 Scrophulariaceae

落叶灌木，高可达 2 米。分枝多，小枝 4 棱，具窄翅，嫩枝、嫩叶及花序均有棕黄色星状毛和鳞片。叶对生；叶片卵形至卵状披针形，长 2.5 ~ 13.0 厘米，宽 1.2 ~ 4.2 厘米，全缘或疏生波状细齿，中脉上面凹下，侧脉两面均凸起。花由多数聚伞花序集成顶生伸长的穗状花序，常偏向一侧，长 21 ~ 54 厘米，下垂；花冠紫色，雄蕊 4 枚。蒴果长圆形。花期 6—8 月，果熟期 10 月。生长在向阳山坡灌木丛中及溪沟、路旁的石缝间。

全草入药，有毒；祛风，杀虫，活血；主治流行性感冒、咳嗽、哮喘、风湿关节痛、跌打、外伤出血。

玄参

Scrophularia ningpoensis Hemsl.

玄参属 *Scrophularia*　玄参科 Scrophulariaceae

多年生高大草本。地下块根纺锤状。茎直立，高1米余，四棱形，有浅槽，常分枝。叶在茎下部对生，上部叶有时互生；叶片多变化，多为卵形，长7～20厘米，宽4.5～12.0厘米，边缘有细钝锯齿。聚伞花序疏散、开展呈圆锥状。花冠暗紫色。蒴果卵圆形。花期7—8月，果期8—9月。生于山坡林下或草丛中。

根入药；清热凉血，泻火解毒，滋阴；主治热病伤阴、舌绛烦渴、温毒发斑、津伤便秘、骨蒸劳嗽、目赤、咽痛、痈肿疮毒。

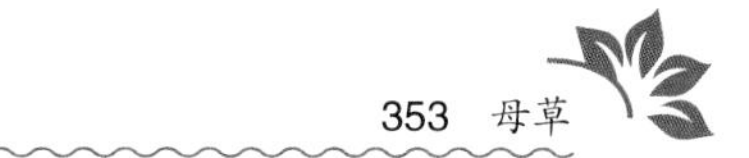

母草

Lindernia crustacea (L.) F. Muell.

母草属 *Lindernia*　母草科 Linderniaceae

一年生草本，高 8 ~ 20 厘米。茎四方形，下部匍匐。叶对生；叶片卵形或宽卵形，长 1.0 ~ 2.0 厘米，先端钝或急尖，基部宽楔形或近圆形，边缘有浅钝锯齿。花单生叶腋；花梗细弱，长 1.0 ~ 2.5 厘米；花萼坛状；花冠紫色，唇形；雄蕊 4 枚，二强；花柱常早落。蒴果长椭圆形或卵形。花、果期均为 7—10 月。生于路边或溪边草地。

全草入药；清热利湿，解毒；主治急慢性菌痢、肠炎、腹泻；鲜品捣敷治蛇咬伤、痈疖。

杜根藤

Justicia quadrifaria (Nees) Ridl.

爵床属 *Justicia*　爵床科 Acanthaceae

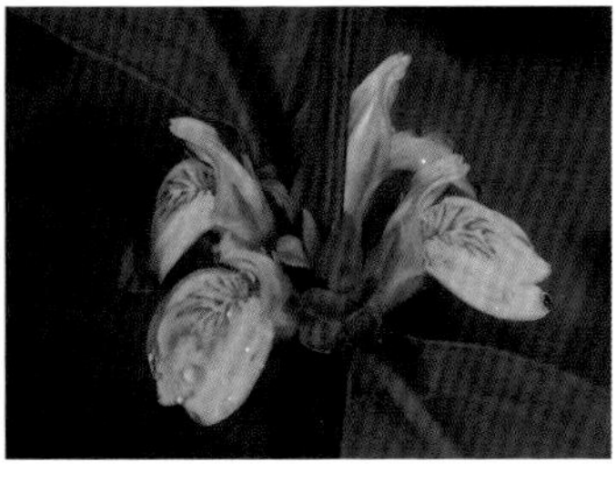

多年生草本。茎基部匍匐，下部节上生根，后直立，近4棱形。叶对生；叶片椭圆形至长圆状披针形，长3 ~ 13厘米，宽1.2 ~ 4.0厘米，先端渐尖，基部楔形下延至柄，全缘，叶柄长0.3 ~ 1.0厘米。聚伞花序紧缩，生于上部叶腋，呈簇生状；花冠白色，二唇形，上唇2裂，下唇3裂。蒴果狭纺锤形。花期7—10月，果期8—11月。生于沟谷林缘、林下、灌丛中。

全草入药；清热解毒；主治口舌生疮、热毒、丹毒、黄疸。

爵床

Justicia procumbens (L.) Nees

爵床属 *Justicia*　爵床科 Acanthaceae

一年生草本，匍匐或披散，长 10 ~ 50 厘米。茎通常具 6 钝棱及浅槽，沿棱被倒生短毛，节稍膨大。叶对生；叶片椭圆形至椭圆状长圆形，长 1.2 ~ 6.0 厘米，全缘或微波状。穗状花序顶生或生于上部叶腋，圆柱状，长 1 ~ 4 厘米，密生多数小花；花萼 4 深裂，花冠二唇形，淡红色或紫红色，花冠筒短于冠檐；雄蕊 2 枚，伸出花冠外；子房卵形。蒴果线形。花期 8—11 月，果期 10—11 月。生于旷野草地、林下、路旁。

全草入药；清热解毒，利尿消肿，截疟；治感冒发热、咽喉肿痛、疟疾、疳积、痢疾、肝炎、疔疮痈肿。

九头狮子草

Peristrophe japonica (Thunb.) Bremek.

观音草属 *Peristrophe* 爵床科 Acanthaceae

多年生草本。茎直立，高25 ~ 50厘米，有棱及纵沟。叶对生；叶片卵状长圆形至披针形，先端渐尖，基部楔形，全缘。花序由 2 ~ 8 个有短总梗的聚伞花序组成，每个聚伞花序下托以 2 枚总苞状苞片，内有 1 ~ 4 花；花冠淡红色，极易脱落，花冠筒细长，冠檐二唇形，近基部处有紫点，上唇 2 裂，下唇浅 3 裂；雄蕊 2 枚。花期 7—10 月，果期 10—11 月。生于树荫下、溪边、路旁及草丛中。

全草入药；解表发汗，清热解毒，镇痉；主治小儿高热惊风、感冒发热、蛇咬伤、跌打损伤、无名肿毒。

少花马蓝

Strobilanthes oliganthus (Miq.) Bremek.

马蓝属 *Strobilanthes*　爵床科 Acanthaceae

多年生草本。茎直立，高 30 ~ 60 厘米，疏分枝，略四棱，有白色多节长柔毛，基部节膨大膝曲。叶对生；叶片宽卵形或三角状宽卵形，长 4 ~ 11 厘米，宽 2.6 ~ 6.0 厘米，先端渐尖，基部楔形，稍下延，边缘具钝圆疏锯齿。穗状花序头形，顶生或腋生，有花数朵；花冠漏斗状，紫色；雄蕊二强。蒴果长圆形。花期 8—9 月，果期 9—10 月。生于山坡林下、林缘阴湿处及溪旁或路边草丛中。

全草入药，称紫云菜；清热定惊，止血；治感冒发热、热病惊厥；捣敷治外伤出血。

白接骨

Asystasiella neesiana (Wall.) Lindau

白接骨属 *Asystasiella*　爵床科 Acanthaceae

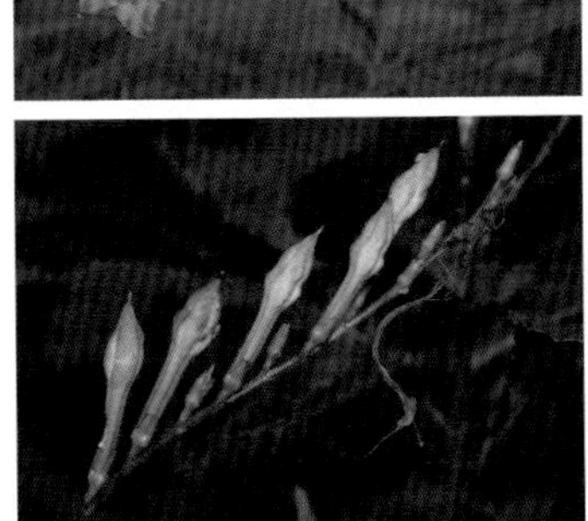

多年生草本。根状茎白色，富黏液。茎直立，高 40 ~ 100 厘米，略呈四棱形，节稍膨大。叶对生；叶片卵形或椭圆状长圆形，长 3 ~ 16 厘米，宽 1.6 ~ 6.5 厘米，先端渐尖至尾尖，基部渐狭，下延至柄，边缘浅波状或具浅钝锯齿，两面有凸点状钟乳体。花序总状，顶生，长 4.5 ~ 21.0 厘米；花冠淡红紫色，漏斗状；雄蕊二强。蒴果棍棒形。花期 7—10 月，果期 8—11 月。生于阴湿的山坡林下、溪边石缝、路边草丛及田畔。

根状茎及全草入药；清热解毒，续筋接骨，活血止血；治外伤出血、骨折、扭伤、疖肿、下肢溃疡、腹水、肺痨。

马鞭草

Verbena officinalis L.

马鞭草属 *Verbena* 马鞭草科 Verbenaceae

多年生草本，高 30 ~ 80 厘米。茎四方形，节和棱上有硬毛。叶对生；叶片卵圆形至长圆状披针形，长 2 ~ 8 厘米，基生的叶片边缘有粗锯齿和缺刻，茎生的叶片 3 深裂或羽状深裂，裂片边缘有不整齐的锯齿，基部楔形下延于叶柄上。穗状花序顶生或生于茎上部叶腋，开花时伸长，长 10 ~ 25 厘米，花冠淡紫红色，裂片 5 枚。果实长圆形。花、果期均为 4—10 月。生于山脚地边、路旁或村边荒地。

全草入药；活血散瘀，清热解毒，通淋利尿；主治闭经、痛经、疟疾、肝炎、肝硬化腹水、肾炎水肿、尿路感染、尿路结石、跌打损伤、湿疹、皮炎。

风轮菜

Clinopodium chinense (Benth.) Kuntze

风轮菜属 *Clinopodium* 唇形科 Lamiaceae

多年生草本,高20 ~ 80厘米。茎基部匍匐,上部上升,四棱形,密被下向白色具节柔毛。叶对生;叶片卵形或长卵形,长1.5 ~ 5.0厘米,宽0.5 ~ 3.0厘米,边缘具整齐的锯齿,两面均有平伏短或长柔毛,下面脉上较密。轮伞花序多花密集,腋生;花萼狭管形,常带紫红色;花冠淡红色或紫红色。花期5—10月,果期6—11月。生于山坡、林缘、路边、草地及灌丛中。

全草入药;疏风清热,解毒消肿;主治感冒、中暑、急性胆囊炎、肝炎、肠炎、痢疾、腮腺炎、乳腺炎、疔疮肿毒、过敏性皮炎、急性结膜炎。

活血丹

***Glechoma longituba* (Nakai) Kupr.**

活血丹属 *Glechoma*　唇形科 Lamiaceae

多年生匍匐草本。茎通常有分枝，四棱形。叶对生；叶片心形、肾心形或肾形，长 1 ~ 3 厘米，宽 1.2 ~ 4.0 厘米，基部心形，边缘具圆齿或粗锯齿状圆齿，上面疏生伏毛，下面常带紫色，有柔毛。轮伞花序腋生，通常 2 花；花冠淡红紫色。小坚果长圆状卵形。花期 4—5 月，果期 5—6 月。生于林缘、路旁、地边、溪沟边及阴湿草丛中。

全草入药；清热解毒，利湿通淋，散瘀消肿；主治黄疸、水肿、膀胱结石、疟疾、肺痈、咳嗽、风湿痹痛、小儿疳积、痈肿、湿疹、蛇咬伤。

溪黄草

Isodon serra (Maxim.) Kudô

香茶菜属 *Isodon*　唇形科 Lamiaceae

多年生草本，高达 1.5 米。茎带紫色，钝四棱形，具浅槽及细条纹。叶对生；叶片卵形或卵状披针形，长 2.7 ~ 7.0 厘米，先端急尖或渐尖，基部楔形或宽楔形，下延成叶柄，边缘具粗锯齿，两面散生淡黄色腺点，揉碎后有黄色汁液。聚伞花序 5 至多花组成疏散圆锥花序，总花梗长 0.5 ~ 1.5 厘米；花小，白色略带紫色。花、果期均为 8—10 月。生于山坡路旁、溪边及路边草丛中。

全草入药；清肝利胆，退热祛湿，凉血散瘀；主治急性黄疸型肝炎、急性胆囊炎、跌打瘀肿等。

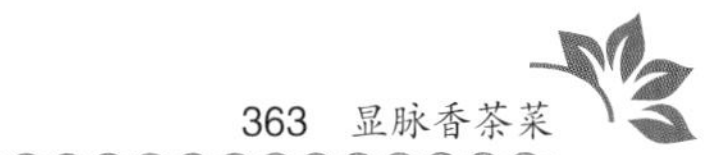

显脉香茶菜

Isodon nervosus **(Hemsl.) Kudô**

香茶菜属 *Isodon* 唇形科 Lamiaceae

多年生直立草本，高 70 ~ 100 厘米。茎直立，不分枝或少分枝，四棱形，具明显的槽。叶对生；叶片披针形至狭披针形，长 2.0 ~ 13.5 厘米，宽 0.7 ~ 2.8 厘米，先端长渐尖，基部楔形至狭楔形，下延至叶柄，边缘有具胼胝硬尖的浅锯齿。圆锥状聚伞花序；花冠淡紫色或蓝色。小坚果卵圆状三棱形。花期 9—10 月，果期 10—11 月。生于溪边、水沟边及路旁溪涧石滩上。

全草入药；清热解毒，利湿；主治急性传染性肝炎、疮毒湿疹、皮肤瘙痒。

香茶菜

Isodon amethystoides (Benth.) H. Hara

香茶菜属 *Isodon* 唇形科 Lamiaceae

多年生直立草本，高 30 ~ 100 厘米。茎四棱形，具槽，有倒向多节卷曲柔毛。叶对生；叶片卵形至披针形，大小不一，长 2 ~ 14 厘米，宽 0.8 ~ 4.5 厘米，基部骤然收缩或渐狭成狭翅，边缘具圆齿，叶背面有淡黄色腺点。聚伞花序 3 至多花组成顶生疏散的圆锥花序；花萼长约 0.25 厘米，果时长 0.4 ~ 0.5 厘米，密布黄色腺点；花冠白色或淡蓝色，疏生淡黄色腺点。花、果期均为 8—11 月。生于林下、山坡路边湿润处或草丛中。

根入药；清热解毒，散瘀消肿；主治跌打损伤、胃脘疼痛、疮疡肿毒、经闭、跌打损伤。

宝盖草

Lamium amplexicaule L.

野芝麻属 *Lamium*　唇形科 Lamiaceae

二年生矮小草本，高 10 ~ 30 厘米。茎常带紫色，基部多分枝，上升，四棱形。叶片圆形或肾形，长 0.5 ~ 2.0 厘米，宽 1.2 ~ 2.5 厘米，先端圆，基部截形或心形，边缘具深圆齿或浅裂，两面有伏毛，下部叶有长柄，上部叶近无柄而半抱茎。轮伞花序 6 ~ 10 花，近无梗；花冠紫红色至粉红色，长 1.2 ~ 1.8 厘米。花、果期均为 4—6 月。生于路边、林缘及荒地上。

全草入药；祛风通络，消肿止痛；治筋骨疼痛、四肢麻木、跌打损伤、瘰疬。

野芝麻

Lamium barbatum Siebold et Zucc.

野芝麻属 *Lamium* 唇形科 Lamiaceae

多年生草本，具根茎。茎高 20 ~ 100 厘米，直立，具四棱，常有倒向糙毛。叶对生；叶片卵状心形，长 2 ~ 8 厘米，宽 2.0 ~ 5.5 厘米，基部浅心形，边缘有微内弯的牙齿状锯齿。轮伞花序 4 ~ 14 花，腋生于茎上部叶腋；花冠白色。花期 4—5 月，果期 6—7 月。生于山坡路旁、林下及溪旁。

全草入药；凉血止血，活血止痛，利湿消肿；主治子宫和泌尿系统疾患（如月经不调、崩漏等），以及小儿虚热、肺热咯血、胃痛、跌打损伤。

益母草

Leonurus japonicus Houtt.

益母草属 *Leonurus* 唇形科 Lamiaceae

一或二年生草本，高 40 ~ 100 厘米。茎直立，钝四棱形，有倒向糙伏毛。叶对生；叶片形状变化大，基生的圆心形，径 4 ~ 9 厘米，下部茎生的掌状 3 全裂，最上部的叶片线形或线状披针形，长 3 ~ 10 厘米，全缘或具稀牙齿。轮伞花序腋生，具 8 ~ 15 花；花冠粉红色或淡紫红色，长约 1.2 厘米。小坚果三棱形，熟时褐色，即茺蔚子。花期 5—7 月，果期 8—9 月。生于原野路旁、山坡林缘、草地及溪边 。

地上部分入药；活血调经，利水消肿，清热解毒；主治闭经、经痛、月经不调、产后恶露不尽、高血压、肾炎水肿。

薄荷

Mentha canadensis L.

薄荷属 *Mentha*　唇形科 Lamiaceae

多年生芳香草本。茎下部匍匐，上部直立，高 30 ~ 100 厘米，多分枝，锐四棱形。叶对生；叶片卵形或矩圆状卵形，长 3 ~ 8 厘米，边缘在基部以上疏生粗大牙齿状锯齿。轮伞花序多花，腋生，轮廓球形，花冠淡红色、青紫色或白色。花、果期均为 8—11 月。常生于溪边草丛中、山谷及水旁阴湿处，或栽培。

地上部分入药；疏散风热，清利头目，利咽退疹，疏肝行气；主治风热感冒、头痛、咳嗽、皮肤瘙痒。

小鱼仙草

Mosla dianthera (Buch.-Ham.) Maxim.

石荠苧属 *Mosla*　唇形科 Lamiaceae

一年生直立草本，高 25 ~ 80 厘米。茎四棱形，多分枝，具浅槽。叶对生；叶片卵形，长 1 ~ 3 厘米，边缘具锐尖疏齿，叶背面散布凹陷腺点。轮伞花序疏离，组成长 2 ~ 10 厘米的顶生总状花序；花冠淡紫色。小坚果近球形，常具腺点。花、果期均为 9—11 月。生于林缘、溪边石缝中及沟边草丛中。

全草入药；利湿止痒，祛风发表；主治感冒发热、皮肤湿疹、瘙痒、热痱。

牛至

Origanum vulgare L.

牛至属 *Origanum* 唇形科 Lamiaceae

多年生芳香草本。茎高 25 ~ 80 厘米。叶片卵圆形或卵形，长 1 ~ 3 厘米，宽 0.7 ~ 2.0 厘米，先端钝或稍钝，基部宽楔形或近圆形，全缘或偶有疏齿，两面有细柔毛和腺点，上面常带紫晕。花多数，密集成长圆形的小穗状花序，常着生于茎及分枝的中上部；花萼钟形，花冠紫红色或淡红色。小坚果卵圆形。花期 7—10 月，果期 10—11 月。生于山坡草地或山谷沟边湿地。

全草入药；解表理气，清暑利湿；主治感冒发热、中暑、胸膈胀满、腹痛吐泻、痢疾、黄疸、水肿、带下、小儿疳积、麻疹、皮肤瘙痒、疮疡肿痛、跌打损伤。

紫苏

***Perilla frutescens* (L.) Britt.**

紫苏属 *Perilla* 唇形科 Lamiaceae

一年生芳香草本。茎直立，高 0.5 ~ 1.5 米，钝四棱形，具槽，有长柔毛，棱及节上尤密。叶对生；叶片宽卵形或近圆形，先端急尖或尾尖，基部圆形或宽楔形，边缘有粗锯齿，两面绿色或紫色，或仅下面紫色，上面疏生毛，下面有贴生柔毛。轮伞花序 2 花，组成偏向一侧的顶生或腋生长 2 ~ 15 厘米的总状花序；花冠白色、粉红色或紫红色。花期 7—10 月，果期 9—11 月。生于路边、地边及低山疏林下或林缘。

茎、叶及种子入药。茎为紫苏梗，宽胸利膈，理气安胎；主治胸腹气滞、痞闷后胀、胎动不安、胸胁胀痛。叶为紫苏叶，解表散寒，行气宽中；主治风寒感冒、脾胃气滞、胸闷呕吐。种子为紫苏子，降气化痰，止咳平喘，润肠通便；主治咳喘痰多、肠燥便秘。

夏枯草

Prunella vulgaris L.

夏枯草属 *Prunella* 唇形科 Lamiaceae

多年生草本。茎伏地，上部直立，单一或有分枝，高 15 ~ 40 厘米，钝四棱形，常带紫红色。叶对生；叶片卵形，长 1.5 ~ 5.5 厘米，宽 0.7 ~ 2.0 厘米，先端钝，基部圆形或宽楔形，下延至叶柄成狭翅，边缘具不明显的波状齿。轮伞花序密集成长 2 ~ 5 厘米的顶生穗状花序；花冠蓝紫色或红紫色。花期 5—6 月，果期 7—8 月。生于山坡路边、草地及溪沟边。

果穗入药；清热泻火，明目，散结消肿；治瘰疬、瘿瘤、乳痈、乳腺癌、筋骨疼痛、肺痨、急性黄疸型肝炎、血崩、带下、高血压。

荔枝草

Salvia plebeia R. Br.

鼠尾草属 *Salvia* 唇形科 Lamiaceae

二年生直立草本。茎高 20 ~ 90 厘米，四棱形。叶对生；茎生叶叶片长卵形或宽披针形，长 2 ~ 7 厘米，宽 0.8 ~ 4.5 厘米。轮伞花序 6 花，密集成顶生或腋生长 5 ~ 25 厘米的总状花序或成圆锥状；花冠淡红色、淡紫色或蓝紫色。小坚果圆卵形，淡黄褐色。花期 5—6 月，果期 6—7 月。生于路边、沟边湿地及山脚、旷野草地上。

全草入药；清热解毒，凉血利尿；用于治疗扁桃体炎、支气管炎、腹水肿胀、肾炎水肿、崩漏、便血；外用治痈肿、痔疮肿痛、乳腺炎。

丹参

Salvia bowleyana Dunn

鼠尾草属 *Salvia* 唇形科 Lamiaceae

多年生直立草本。根肥厚，表面红赤色。茎较粗壮，高 40 ~ 100 厘米，四棱形。叶对生，羽状复叶，小叶 5 ~ 9 片。轮伞花序组成顶生总状或圆锥花序；花冠淡紫色或紫红色。花期 5—6 月，果期 6—8 月。生于山坡林下、灌丛中或溪边。

根及根茎入药；祛瘀止痛，活血通络，清心除烦；用于治疗月经不调、经闭痛经、胸腹刺痛、热痹疼痛、疮疡肿痛、心烦不眠、心绞痛。

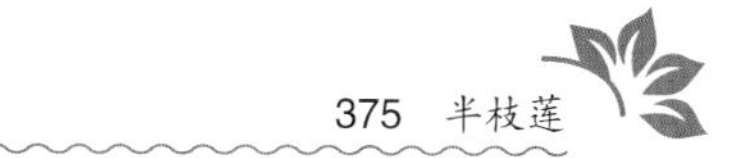

半枝莲

Scutellaria barbata D. Don

黄芩属 *Scutellaria*　唇形科 Lamiaceae

多年生草本，高 15 ~ 20 厘米。下部匍匐生根，茎四棱形，不分枝或少分枝，无毛。叶对生；叶片狭卵形或披针形，长 1 ~ 3 厘米，先端急尖或稍钝，基部宽楔形或近截形，边缘具浅钝齿，上面近无毛，下面带紫色。花对生，偏向一侧，排列成长 4 ~ 10 厘米的顶生或腋生的总状花序；花冠蓝紫色。花期 5—10 月，果期 6—11 月。生于溪沟边、湿润草地上。

全草入药；清热解毒，利尿消肿；主治咽喉肿痛、肺脓疡、肝炎、疮疖及毒蛇咬伤。

水苏

Stachys japonica Miq.

水苏属 *Stachys* 唇形科 Lamiaceae

多年生近无毛草本，地下有横走根茎。茎单一，直立，高 25 ~ 80 厘米，四棱形，具槽。叶片长圆状披针形至披针形，长 2.5 ~ 12.0 厘米，宽 0.7 ~ 3.5 厘米，先端钝尖，基部圆形至浅心形，边缘具圆齿状锯齿，两面无毛。轮伞花序 6 ~ 8 花，上部密集组成长 4 ~ 13 厘米的穗状花序；花冠粉红色或淡红紫色。小坚果三棱状卵球形。花期 5—7 月，果期 7—8 月。生于沟边、塘边及岸旁潮湿地上。

全草入药；清热解毒，止咳利咽，止血消肿；主治感冒、痧症、肺痿、肺痈、头风目眩、咽痛、失音、吐血、咯血、衄血、崩漏、痢疾、淋证、跌打肿痛。

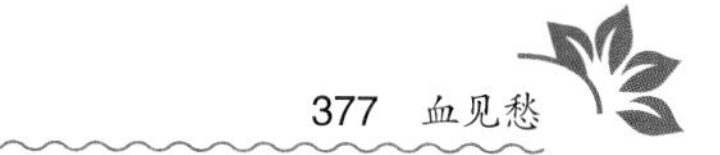

血见愁

Teucrium viscidum Blume

香科科属 *Teurcrium*　唇形科 Lamiaceae

多年生草本，高 15 ~ 70 厘米。茎四棱形，下部常伏地，上部直立。叶对生；叶片卵形，长 3 ~ 10 厘米，先端急尖，基部圆形或宽楔形，边缘具粗钝齿，两面有毛，背面较密。轮伞花序具 2 花，密集组成长 3 ~ 8 厘米的穗状花序，常生于茎及分枝上部。花冠白色、淡红色或淡紫色。花期 7—9 月，果期 9—11 月。生于山坡路边、溪边及林下阴湿处。

全草入药；散瘀消肿，止血止痛；主治跌打损伤、吐血、衄血、外伤出血、毒蛇咬伤、疔疮疖肿。

白棠子树

Callicarpa dichotoma (Lour.) K. Koch

紫珠属 *Callicarpa* 唇形科 Lamiaceae

灌木，高 1.0 ~ 2.5 米。小枝细长，略呈四棱形，淡紫红色。叶片纸质，倒卵形，长 3 ~ 6 厘米，宽 1.0 ~ 2.5 厘米，先端急尖至渐尖，基部楔形，边缘上半部疏生锯齿，两面近无毛，下面密生下凹的黄色腺点。聚伞花序着生于叶腋上方，总花梗纤细，长 1.0 ~ 1.5 厘米，花冠淡紫红色；花丝长约为花冠的 2 倍。果实球形，紫色。花期 6—7 月，果期 9—11 月。生于低山丘陵、溪沟边或山坡灌丛中。

茎、叶及根入药；止血，散瘀，消炎；用于治疗衄血、咳血、胃肠出血、子宫出血、上呼吸道感染、扁桃体炎、肺炎、支气管炎；外用治外伤出血、烧伤。

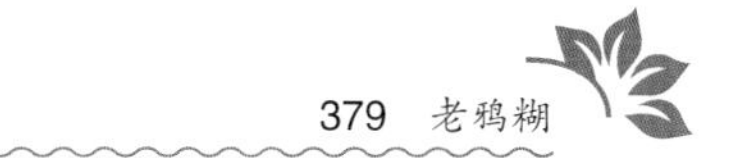

老鸦糊

Callicarpa giraldii Hesse ex Rehder

紫珠属 *Callicarpa*　唇形科 Lamiaceae

灌木，高 1 ~ 4 米。小枝灰黄色，被星状毛。单叶对生；叶片纸质，宽椭圆形至披针状长圆形，长 6 ~ 19 厘米，宽 3 ~ 6 厘米，先端渐尖，基部楔形，边缘有锯齿，下面疏生星状毛，密被黄色腺点。聚伞花序，花萼疏生星状毛和黄色腺点，花冠紫红色。果实球形，成熟时紫色。花期 5 月中至 6 月底，果期 10—11 月。生于疏林或灌丛中。

全株入药；祛风除湿，散瘀解毒；治风湿关节痛、跌打损伤、外伤出血、尿血。

区别特征：老鸦糊叶缘近基部即有锯齿，小枝圆柱形；白棠子树叶缘仅上半部有疏锯齿，小枝略呈四棱形。

兰香草

Caryopteris incana (Thunb.) Miq.

莸属 *Caryopteris* 唇形科 Lamiaceae

直立半灌木，高20 ~ 80厘米。枝圆柱形，略带紫色。叶片厚纸质，卵状披针形或长圆形，长 1.5 ~ 6.0 厘米，宽 0.8 ~ 3.0 厘米，先端钝圆或急尖，基部宽楔形或近圆形，边缘有粗齿。聚伞花序紧密，腋生和顶生；花冠淡紫色或紫蓝色；雄蕊与花柱均伸出花冠筒外。果实倒卵状球形。花、果期均为 8—11 月。生于较干燥的草坡、林缘及路旁。

根及全草入药；疏风解表，祛痰止咳，散瘀止痛；用于治疗上呼吸道感染、百日咳、支气管炎、风湿关节痛、胃肠炎、跌打肿痛、产后瘀血腹痛；外用治毒蛇咬伤、湿疹、皮肤瘙痒。

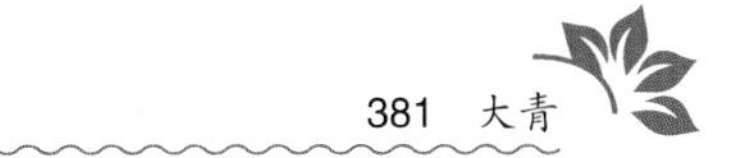

大青

***Clerodendrum cyrtophyllum* Turcz.**

大青属 *Clerodendrum*　唇形科 Lamiaceae

灌木，高 1 ~ 6 米。嫩枝绿色。叶对生；叶片纸质，有臭味，长椭圆形，长 6 ~ 20 厘米，宽 3 ~ 9 厘米，先端渐尖或急尖，基部圆形或宽楔形，全缘。伞房状聚伞花序，生于枝顶或近枝顶叶腋；花冠白色，花冠筒长约 1 厘米，裂片卵形，雄蕊和花柱均伸出花冠外；柱头 2 浅裂。果实球形至倒卵形，熟时蓝紫色。花、果期均为 7—12 月。生于山地林下或溪谷边。

茎、叶入药；清热解毒，凉血止血；主治肠炎、菌痢、咽喉炎、扁桃体炎、腮腺炎、齿龈出血。

海州常山

Clerodendrum trichotomum Thunb.

大青属 *Clerodendrum* 唇形科 Lamiaceae

灌木，高 1 ~ 6 米。髓白色，有淡黄色薄片状横隔。叶片纸质，卵形，稀宽卵形，长 5 ~ 16 厘米，宽 2 ~ 13 厘米，先端渐尖，基部宽楔形至截形，偶心形，全缘。伞房状聚伞花序生枝顶及上部叶腋，疏展；花芳香；花萼蕾时绿白色，果时紫红色，长约 1.2 厘米；花冠白色，花冠筒长 2 厘米；雄蕊与花柱均伸出花冠外。核果近球形，成熟时蓝黑色，被宿萼所包。花、果期均为 7—11 月。生于山坡灌丛中。

叶、根或花可供药用；祛风湿，降血压；用于治疗风湿痹痛、高血压；叶外用治鹅掌风、痔疮。

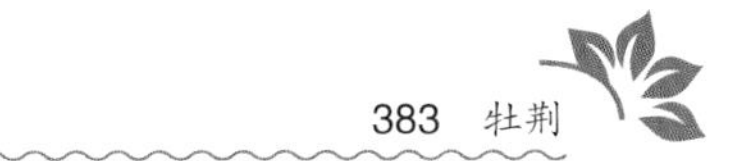

牡荆

Vitex negundo var. *cannabifolia* (Siebold et Zucc.) Hand.-Mazz.

牡荆属 *Vitex*　唇形科 Lamiaceae

落叶灌木，高 1 ~ 3 米。茎四棱形，密被灰黄色短柔毛。掌状复叶，小叶 3 ~ 5 枚。圆锥状聚伞花序顶生，长可超过 20 厘米，与花梗及花萼均密被灰白色绒毛，花萼钟状，5 浅裂；花冠淡紫色，5 裂，呈二唇形，花冠筒略长于花萼。花、果期均为 6—11 月。生于山坡、谷地灌丛或林中。

带叶嫩枝和种子入药。带叶嫩枝为牡荆，祛痰，止咳，平喘；主治感冒、咳嗽、哮喘、胃痛、消化不良、肠炎、痢疾等。成熟带宿萼的果实名为黄荆子，降气止呃，止咳平喘；用于治疗胃痛、呃逆、支气管炎。

透骨草

Phryma leptostachya **subsp.** ***asiatica*** **(H.Hara) Kitam.**

透骨草属 *Phryma*　透骨草科 Phrymaceae

多年生草本。茎直立，高 30 ~ 80 厘米，四棱形，有倒生短柔毛。叶对生；叶片卵形或卵状长椭圆形，长 5 ~ 10 厘米，宽 4 ~ 7 厘米，基部渐狭成翅，边缘有钝圆锯齿。总状花序顶生或腋生，花疏生；花冠唇形，粉红色或白色；雄蕊二强；柱头 2 浅裂。花期 7—8 月，果期 9—10 月。生于山坡、阴湿林下及林缘。

茎入药；散风祛湿，解毒止痛；用于治疗风湿关节痛；外用治疮疡肿毒。孕妇忌服。

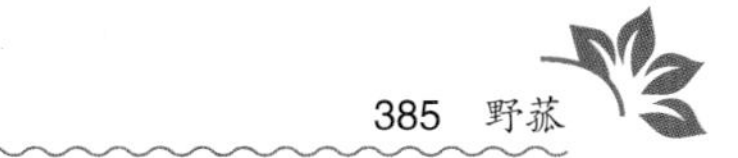

野菰

Aeginetia indica L.

野菰属 *Aeginetia* 列当科 Orobanchaceae

一年生寄生草本，高 15 ~ 50 厘米。茎黄褐色或紫红色，不分枝，偶尔自中部以上分枝。叶肉红色，卵状披针形，长 0.5 ~ 1.0 厘米，宽 0.3 ~ 0.4 厘米。花常单生茎端，稍俯垂。花萼紫红色、黄色或黄白色，具紫红色条纹。花冠带黏液，常与花萼同色。雄蕊 4 枚，内藏。花期 4—8 月，果期 8—10 月。生于林下草地或阴湿处。

全草入药，有小毒；解毒消肿，清热凉血；用于治疗扁桃体炎、咽喉炎、尿路感染、骨髓炎；外用治毒蛇咬伤、疔疮。

绵毛鹿茸草

Monochasma savatieri Franch. ex Maxim.

鹿茸草属 *Monochasma.* 列当科 Orobanchaceae

多年生草本。茎丛生，细而硬，高 15 ~ 30 厘米。全株有灰白色绵毛，上部并具腺毛。叶对生或 3 叶轮生，较密集，节间很短；叶片狭披针形，长 1.0 ~ 2.5 厘米，宽 0.2 ~ 0.3 厘米，先端急尖，基部渐狭，多少下延于茎并成狭翅，全缘，两面均密被灰白色绵毛。花少数；花萼筒状；花冠淡紫色或几白色；雄蕊二强。蒴果长圆形。果期 4—9 月。生于向阳山坡、岩石旁及松林下。

全草入药；凉血止血，清热解毒；主治外感咳嗽、咳血、小儿高热惊风、乳痈、多发性疔肿。

天目地黄

Rehmannia chingii Li

地黄属 *Rehmannia* 列当科 Orobanchaceae

多年生草本。根茎肉质，橘黄色。全体被多节长柔毛。茎直立，高 30 ~ 60 厘米，单一。基生叶多少莲座状排列，叶片椭圆形，长 6 ~ 12 厘米，宽 3 ~ 6 厘米；茎生叶发达，外形与基生叶相似，向上逐渐缩小。花单生叶腋；花冠紫红色，长 5.5 ~ 7.0 厘米。蒴果卵形，具宿存的花萼及花柱。花期 4—5 月，果期 5—6 月。生于山坡草丛中。

块根入药，称浙地黄；清热凉血，养阴生津；用于治疗高热烦躁、吐血衄血、口干、咽喉肿痛、中耳炎、烫伤。

青荚叶

Helwingia japonica (Thunb.) F. Dietr.

青荚叶属 *Helwingia* 青荚叶科 Helwingiaceae

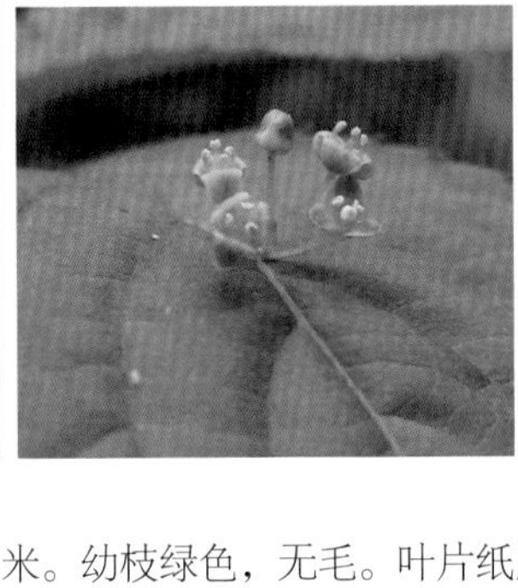

落叶灌木，高 1.0 ~ 2.5 米。幼枝绿色，无毛。叶片纸质，叶形变化幅度大，卵形或卵圆形，长 3 ~ 14 厘米，宽 2 ~ 7 厘米，通常中上部较宽，先端渐尖，基部宽楔形至近圆形，边缘具腺质细锯齿或尖锐锯齿。花淡绿色；雄花通常 3 ~ 20 朵组成伞形或密伞形花序，常生于叶面中脉 1/3 ~ 1/2 处；雌花单生或 2 ~ 3 朵簇生于叶面中部。浆果，熟时黑色。花期 5—6 月，果期 8—9 月。生于山谷、山坡林中或林下阴湿处。

茎髓入药；通乳；主治乳少、乳汁不畅。

大叶冬青

Ilex latifolia Thunb.

冬青属 *Ilex*　冬青科 Aquifoliaceae

常绿大乔木，高达 20 米。树皮灰黑色，全体无毛。小枝粗壮，黄褐色，有纵裂纹和棱。叶片厚革质，长圆形或卵状长圆形，长 8 ~ 28 厘米，宽 4.5 ~ 9.0 厘米，边缘有疏锯齿，中脉上面凹入，下面强隆起，侧脉上面明显，上面深绿色，有光泽，下面淡绿色。花序簇生叶腋，圆锥状。果球形，红色。花期 4—5 月，果期 6—11 月。生于山坡、山谷的常绿阔叶林中。

叶入药，称苦丁茶；疏风清热，活血；用于治疗头痛、目赤口苦、鼻炎、中耳炎。

枸骨

Ilex cornuta Lindl.

冬青属 *Ilex*　冬青科 Aquifoliaceae

常绿灌木或小乔木，高 3 ~ 8 米。叶片厚革质，长圆形或倒卵状长圆形，长 3 ~ 8 厘米，宽 2 ~ 4 厘米，先端尖刺状，急尖或短渐尖，基部圆形或截形，全缘或波状，每边具 1 ~ 5 枚硬针刺。花序簇生于叶腋。果球形，红色。花期 4—5 月，果期 9 月。生于荒地、山坡溪边杂木林或灌丛中。

叶入药，称枸骨叶；清热养阴，平肝，益肾；用于治疗肺痨咯血、骨蒸潮热、头晕目眩、高血压。

铁冬青

Ilex rotunda **Thunb.**

冬青属 *Ilex* 冬青科 Aquifoliaceae

常绿乔木，高 20 米。叶互生；叶片薄革质，宽椭圆形、椭圆形或长圆形，长 4 ～ 10 厘米，先端短渐尖，基部楔形或钝，全缘，两面无毛。聚伞花序或呈伞形状，单生叶腋；花黄白色，芳香。果球形，径 0.6 ～ 0.8 厘米，熟时红色。花期 3—4 月，果期翌年 2—3 月。生于温湿肥沃的疏林中或山坡上。

树皮入药；清热解毒，消肿止痛；主治感冒发热、扁桃体炎、咽喉肿痛、急性肠胃炎、胃及十二指肠溃疡、跌打损伤、风湿骨痛。

轮叶沙参

Adenophora tetraphylla (Thunb.) Fisch.

沙参属 *Adenophora* 桔梗科 Campanulaceae

多年生草本，高可达1米。根圆锥形，有横纹。茎不分枝，折断有乳汁。茎生叶3～6轮生，叶片卵状披针形，长2～14厘米，边缘有锯齿；无柄或有不明显叶柄。花序狭圆锥状，长达35厘米，分枝轮生，花下垂；花冠筒状钟形，蓝色或蓝紫色。蒴果球状圆锥形。花、果期均为7—10月。生于山坡、林缘草地或灌草丛中。

根入药，名为南沙参；养阴清肺，清胃生津，补气，化痰；主治急慢性支气管炎、肺痈咯血、阴虚发热、干咳、咽喉肿痛。

沙参

Adenophora stricta Miq.

沙参属 *Adenophora* 桔梗科 Campanulaceae

多年生草本。根圆柱形，长达 30 厘米。茎直立，高 40 ~ 90 厘米，不分枝。基生叶的叶片心形；茎生叶互生，叶片狭卵形或菱状狭卵形，长 3 ~ 8 厘米，宽 1 ~ 4 厘米，先端急尖，基部楔形，边缘有不整齐的锯齿。花序常不分枝而成狭长的假总状花序；花冠宽钟状，蓝色或紫色；雄蕊 5 枚。蒴果椭圆状球形。花、果期均为 8—10 月。生于山坡草丛中。

根入药，名为南沙参；攻效同轮叶沙参。

羊乳

Codonopsis lanceolata (Siebold et Zucc.) Trautv.

党参属 *Codonopsis*　桔梗科 Campanulaceae

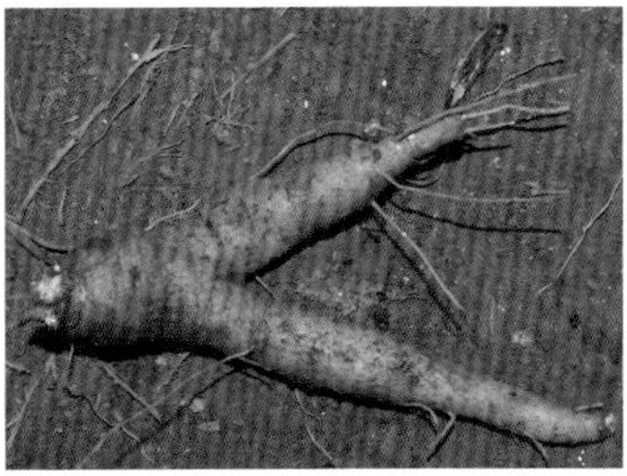

多年生蔓生草本。根倒卵状纺锤形。全株有白色乳汁，光滑无毛。主茎上叶互生，叶片披针形，长 0.8 ～ 1.4 厘米；小枝顶端叶通常 2 ～ 4 叶簇生，而近于对生或轮生状，叶片菱状卵形，长 3 ～ 10 厘米。花单生小枝顶端；花梗长 1 ～ 9 厘米；花冠宽钟状，黄绿色或乳白色，内有紫色斑；柱头 3 裂。蒴果具宿存花萼。花、果期均为 9—10 月。生于山地灌木、林下阴湿处。

根入药；补中益气，祛痰润肺，排脓解毒；主治病后体虚、产后缺乳、乳腺炎、痈疖肿毒、毒蛇咬伤。

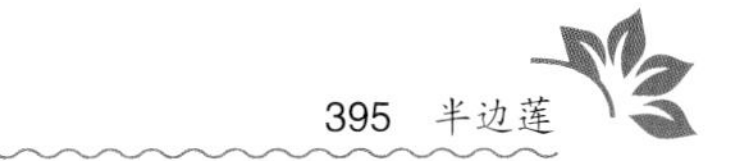

半边莲

***Lobelia chinensis* Lour.**

半边莲属 *Lobelia*　桔梗科 Campanulaceae

多年生矮小草本。茎细弱，常匍匐，节上常生根，分枝直立，高 6 ～ 15 厘米，无毛。叶互生；叶片长圆状披针形，长 0.8 ～ 2.0 厘米，全缘或顶部有波状小齿，无毛。花单生叶腋，花梗细，常超出叶外；花冠粉红色或白色；雄蕊 5 枚，花药管状。蒴果倒圆锥状。种子椭圆状，近肉质。花、果期均为 4—5 月。生于潮湿的路边、沟边及潮湿草地上。

全草入药；清热解毒，利尿消肿；主治毒蛇咬伤、肝硬化腹水、晚期血吸虫病腹水、肾炎水肿、扁桃体炎、阑尾炎、疖疮初起、毒虫咬伤。

桔梗

Platycodon grandiflorus (Jacq.) A. DC.

桔梗属 *Platycodon*　桔梗科 Campanulaceae

多年生草本。根圆柱形，肉质。茎直立，高 20 ~ 80 厘米，不分枝，极少上部分枝。叶轮生或部分轮生至互生；叶片卵形、卵状椭圆形至披针形，长 2 ~ 7 厘米，宽 1.5 ~ 3.0 厘米，先端急尖，基部宽楔形至圆钝，边缘具细锯齿。花单一顶生，或数朵集成假总状花序；花冠大，蓝色或紫色。蒴果球形。花、果期均为 8—10 月。生于山地、山坡草丛中。

根入药；宣肺，祛痰，利咽，排脓；主治咳嗽痰多、咽喉肿痛、肺痈吐脓、痢疾腹痛、小便癃闭。

蓝花参 兰花参

Wahlenbergia marginata (Thunb.) A. DC.

蓝花参属 *Wahlenbergia* 桔梗科 Campanulaceae

多年生草本。根细长，胡萝卜状。茎自基部多分枝，直立或上升，高 20 ~ 40 厘米，有白色乳汁。叶互生；叶片倒披针形至线状披针形，长 1 ~ 3 厘米，宽 0.2 ~ 0.4 厘米，全缘或呈波状或具疏锯齿。花顶生或腋生，具长花梗，排成圆锥状；花冠漏斗状钟形，蓝色；雄蕊 5 枚。蒴果倒圆锥状。花、果期均为 2—5 月。生于路边、荒地及山坡上。

根入药；补虚，解表；主治虚损劳伤、咳血、衄血、自汗、盗汗、伤风咳嗽、泻痢、刀伤。

一年蓬

Erigeron annuus (L.) Pers.

飞蓬属 *Erigeron*　菊科 Asteraceae

二年生草本，高 30 ~ 90 厘米。茎直立，上部有分枝，全株有毛。基生叶长圆形，长 4 ~ 17 厘米，基部狭成具翅的长柄，边缘具粗齿，花期枯萎；茎生叶互生，下部叶片与基部叶片同形，但叶柄较短；中部和上部叶片较小，长圆状披针形，全缘。头状花序排成伞房状，径约 1.5 厘米；缘花舌状，白色或淡天蓝色，雌性；盘花管状，黄色，两性。花、果期均为 5—10 月。原产北美，现生于路边、旷野、山坡荒地。

全草入药；清热解毒，助消化；主治消化不良、肠炎腹泻、传染性肝炎、淋巴结炎、血尿。

苦苣菜

Sonchus oleraceus (L.) L.

苦苣菜属 *Sonchus* 菊科 Asteraceae

一至二年生草本，高 50 ~ 90 厘米。茎直立中空，具棱。叶互生；叶片长圆形至倒披针形，长 15 ~ 20 厘米，宽 3 ~ 8 厘米，羽状深裂，裂片对称，基部具急尖的耳状抱茎。头状花序排列呈伞房状；花全为舌状，黄色。瘦果倒卵状椭圆形，冠毛白色。花、果期均为 3—11 月。生于路旁、田野、荒地、山脚坑边。

全草入药；清热解毒，凉血止血；治痢疾、黄疸、肝硬化、血淋、痔瘘、咳嗽、疳积、蛇咬伤、气管炎。

黄鹌菜

Youngia japonica (L.) DC.

黄鹌菜属 *Youngia* 菊科 Asteraceae

一年生草本。茎直立，高 20 ~ 60 厘米。基部叶片长圆形或倒卵形，长 8.5 ~ 13.0 厘米，片宽 0.5 ~ 2.0 厘米，琴状或羽状浅裂至深裂，顶端裂片较侧生裂片大。花茎上无叶或有 1 至数片退化成羽状分裂叶片；头状花序小，具细梗，排列成聚伞状圆锥花序式；花全为舌状，黄色，两性，结实。瘦果纺锤形，具 11 ~ 13 条纵肋，其中有 2 ~ 4 条较粗，具细刺，被刚毛。花、果期均为 4—9 月。生于山坡、路边、林下和荒野。

全草或根入药；清热解毒，消肿止痛；治感冒、咽痛、乳腺炎、结膜炎、尿路感染、风湿性关节炎。

杏香兔儿风

Ainsliaea fragrans Champ. ex Benth.

兔儿风属 *Ainsliaea*　菊科 Asteraceae

多年生草本，高约30厘米。茎直立，密被棕色长毛，不分枝。叶5～6片，基部假轮生；叶片卵状长圆形，长3～10厘米，宽2～6厘米，基部心形，全缘，下面有时紫红色，叶柄与叶片近等长。头状花序多数，排列呈总状；花全为管状，白色，稍有杏仁气味，两性，结实。花、果期均为8—10月。生于山坡、灌丛下、沟边草丛。

全草入药；清热解毒，散结止血；主治肺病咯血、支气管扩张咯血、疮疡肿毒、乳腺炎、急性骨髓炎。

香青

Anaphalis sinica Hance

香青属 *Anaphalis*　菊科 Asteraceae

多年生草本。根状茎木质。茎直立，丛生，高 20 ~ 40 厘米，通常不分枝，被白色或灰白色绵毛。中部叶片长圆形或倒披针状长圆形，长 5 ~ 7 厘米，宽 0.2 ~ 1.5 厘米，先端渐尖或急尖，基部渐狭，沿茎下延成狭翅，全缘；全部叶片上面被薄绵毛，绿色，下面被薄绵毛。头状花序多数，密集排列成复伞房状。花、果期均为 6—10 月。生于林下、向阳山坡草丛或岩石缝中。

全草入药；解表祛风，消炎止痛，镇咳平喘；主治感冒头痛、咳嗽、慢性气管炎、急性胃肠炎、痢疾。

艾　艾蒿

Artemisia argyi **H. Lév. et Vaniot**

蒿属 *Artemisia*　菊科 Asteraceae

多年生草本。茎直立，高达1米，被白色绵毛。基部叶在花期枯萎；中下部叶片广宽，长6～9厘米，3～5深裂或羽状浅裂，叶上面散生白色小腺点和绵毛，下面被灰白色绒毛；上部叶片卵状披针形，3深裂至全裂，顶端花序下的叶常全缘且披针形近无柄。头状花序多数，在茎枝端排列成总状或圆锥状；花管状，带紫色，均结实；缘花雌性；盘花两性。瘦果椭圆形。花、果期均为8—11月。生于山坡、岩石旁。

叶入药；温经止血，散寒止痛；主治吐血、衄血、便血、月经不调、胎动不安。叶制作艾绒，用于灸法。

奇蒿

Artemisia anomala S. Moore

蒿属 *Artemisia*　菊科 Asteraceae

多年生草本。茎直立，高 60 ~ 120 厘米，中部以上常分枝，被柔毛。下部叶片长圆形或卵状披针形，长 7 ~ 11 厘米，先端渐尖，基部渐狭成短柄，边缘有尖锯齿，上部叶渐小。头状花序极多数，无梗，密集于花枝上，在茎枝顶及上部叶腋排列成大型的圆锥状；花管状，白色，均结实；缘花雌性；盘花两性。花、果期均为 6—10 月。生于林缘、山坡、灌草丛中。

全草入药；活血祛瘀，消肿止痛，解暑止泻；主治中暑、头痛、肠炎、痢疾、经闭腹痛、风湿疼痛、跌打损伤；外用治创伤出血、乳腺炎。

东风菜

Aster scaber Thunb.

紫菀属 *Aster* 菊科 Asteraceae

多年生草本，高 20 ~ 90 厘米。根状茎粗壮。上部分枝，被微毛。叶互生；叶片阔卵形，长 9 ~ 15 厘米，边缘有具小尖头的齿，叶柄长 10 ~ 15 厘米；中部叶片较小，卵状三角形，基部圆形或稍截形，有具翅的短柄；上部叶片长圆状披针形，全部叶片质厚，网脉明显。头状花序少数，径 1.8 ~ 2.4 厘米；缘花舌状，白色，雌性；盘花管状，两性。花、果期均为 6—10 月。生于山谷坡地、草地和灌丛中。

全草和根入药；清热，祛风热；主治毒蛇咬伤、目赤肿痛、咽喉肿痛、疥疮。

白术

Atractylodes macrocephala Koidz.

苍术属 *Atractylodes*　菊科 Asteraceae

多年生草本。根状茎结节状，肥大。茎直立，高 20 ~ 40 厘米，通常自中下部长出分枝，全体光滑无毛。叶片 3 ~ 5 羽状全裂。头状花序径约 3.5 厘米，顶生，叶状苞片针刺状，羽状全裂；花全为管状，紫红色。瘦果倒圆锥形。花、果期均为 8—10 月。栽培。

根茎入药；健脾益气，燥湿利水，止汗，安胎；主治脾虚食少、腹胀泄泻、痰饮眩悸、水肿、自汗、胎动不安。

苍术

Atractylodes lancea (Thunb.) DC.

苍术属 *Atractylodes* 菊科 Asteraceae

多年生草本。根状茎平卧或斜升，结节状。茎直立，高 30 ~ 60 厘米，不分枝或上部稍有分枝。叶互生；基生叶片多为 3 裂，裂片先端尖，中裂片特大，卵形，侧裂片较小，基部楔形，多数无柄抱茎；中部叶片椭圆形，全缘或羽状浅裂。头状花序径约 2 厘米，顶生，叶状苞片羽状深裂；花全为管状，白色或稍带紫红色。花、果期均为 6—10 月。生于山坡草地、林下及灌丛中。

根茎入药；燥湿健脾，祛风散寒，明目；主治脘腹胀满、泄泻、水肿、风湿痹痛、风寒感冒、夜盲。

大狼把草

Bidens frondosa L.

鬼针草属 *Bidens*　菊科 Asteraceae

一年生草本。茎直立，高 20 ~ 90 厘米，分枝，常带紫色。叶对生；叶片一回羽状全裂，裂片 3 ~ 5 枚，披针形，长 3 ~ 10 厘米，宽 1 ~ 3 厘米，先端渐尖，基部楔形，边缘具粗锯齿，顶生裂片具柄，具叶柄。头状花序径 1.2 ~ 2.5 厘米，单生茎端或枝端；缘花舌状，花不发育；盘花管状，顶端 5 裂，两性，结实。瘦果扁平，狭楔形，顶端截平，具芒刺 2 枚。花、果期均为 8—10 月。生于路边林下、池塘边草丛。

全草入药；补虚清热；主治体虚乏力、盗汗、咯血、小儿疳积、痢疾。

鬼针草

***Bidens pilosa* L.**

鬼针草属 *Bidens* 菊科 Asteraceae

一年生草本。茎直立，高 30 ~ 60 厘米，钝四棱形。叶对生，通常三出全裂，卵状椭圆形，边缘有锯齿。头状花序径 0.8 ~ 0.9 厘米，梗长 1 ~ 6 厘米；缘花舌状，白色或黄色；盘花管状，黄褐色。瘦果黑色，线状披针形，顶端芒刺 3 ~ 4 条，具倒刺毛。花、果期均为 3—11 月。生于路边、村旁及荒地上。

全草入药；清热解毒，散瘀消肿；用于治疗疟疾、腹泻、痢疾、肝炎、急性肾炎、胃痛、肠痈、咽喉肿痛、跌打损伤、蛇虫咬伤。

金盏银盘

Bidens biternata (Lour.) Merr. et Sherff

鬼针草属 *Bidens*　菊科 Asteraceae

一年生草本。茎直立，高 30 ～ 100 厘米。叶片为一回羽状全裂，顶生裂片卵形至长圆状卵形或卵状披针形，长 2 ～ 7 厘米，宽 1.0 ～ 2.5 厘米，先端渐尖，基部楔形，边缘具稍密且近于均匀的锯齿。头状花序径 0.7 ～ 1.0 厘米；总苞片外层线形，先端急尖；缘花舌状，淡黄色；盘花管状，黄色，两性，结实。瘦果线形，黑色，具 3 ～ 4 棱，顶端有芒刺 3 ～ 4 条，具倒刺毛。花、果期均为 9—11 月。生于路边、村旁及荒地上。

全草入药；清热解毒，凉血止血；用于治疗感冒发热、黄疸、痢疾、血热吐血、血崩、跌打损伤、痈肿疮毒、疥癞。

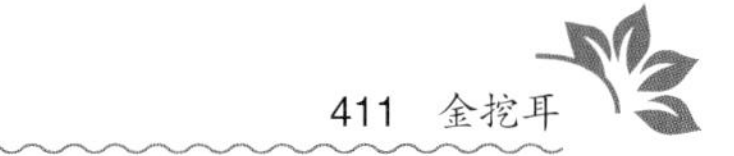

金挖耳

Carpesium divaricatum Siebold et Zucc.

天名精属 *Carpesium* 菊科 Asteraceae

多年生草本，高 20 ~ 70 厘米。茎中部以上分枝。叶互生；下部叶片卵状长圆形，长 5 ~ 12 厘米，宽 3 ~ 7 厘米，边缘有不规则粗齿；上部叶片渐变小，长椭圆形或长圆状披针形，几全缘，近无柄。头状花序单生枝端，俯垂，径 0.6 ~ 0.8 厘米，基部有 2 ~ 4 枚叶状苞，披针形至椭圆形，其中 2 枚较大；花全为管状，雌性，结实；盘花两性，结实。瘦果细长圆柱形，顶端具短喙。花、果期均为 7—8 月。生于路旁及山坡草地。

全草入药；清热解毒，利咽喉；主治感冒、头风、泄泻、咽喉肿痛、赤眼、痈肿疮毒。

天名精

Carpesium abrotanoides L.

天名精属 *Carpesium* 菊科 Asteraceae

多年生粗壮草本。茎上部密被短柔毛，有明显的纵条纹。叶互生，基生叶莲座状，开花前凋萎；茎下部叶片宽椭圆形或长椭圆形，长 8 ~ 16 厘米，宽 4 ~ 7 厘米，基部楔形，边缘具不规则的钝齿，齿端有腺体状胼胝体；茎上部叶片长椭圆形或椭圆状披针形。头状花序多数，近无梗，生于茎端及沿茎、枝一侧着生于叶腋；花全为管状，黄色。瘦果顶端有短喙。花、果期均为 6—10 月。生于路边荒地、村旁空旷地、溪边及林缘。

全草和果实入药。全草名为天名精，催吐豁痰，清热解毒；主治咳嗽痰喘、喉头炎、气管炎、胸膜炎、肺炎、湿疹瘙痒、毒蛇咬伤。果实名为鹤虱，杀虫消积；主治虫积腹痛、小儿疳积；有小毒，孕妇忌用。

野菊

***Chrysanthemum indicum* L.**

菊属 *Chrysanthemum* 菊科 Asteraceae

多年生草本。茎直立，高 25 ~ 90 厘米，基部常匍匐，上部分枝。叶互生；中部茎生叶叶片卵形或长圆状卵形，长 3 ~ 9 厘米，宽 1.5 ~ 3.0 厘米，羽状深裂。头状花序径 1.5 ~ 2.5 厘米，在枝端排列成伞房圆锥花序式或不规则的伞房状；总苞半球形；缘花舌状，黄色，雌性；盘花管状，两性。瘦果倒卵形，黑色，有光泽；冠毛无。花、果期均为 9—11 月。生于旷野、山坡。

头状花序入药；清热解毒；主治疔疮痈肿、目赤肿痛、头痛眩晕。

刺儿菜

Cirsium arvense (L.) Scop.

蓟属 *Cirsium*　菊科 Asteraceae

多年生草本。茎直立，高 30 ~ 50 厘米，幼茎被白色蛛丝状毛。基生叶和中部茎生叶叶片椭圆形或长椭圆形，长 7 ~ 10 厘米，先端钝或圆，基部楔形，近全缘或有疏锯齿，两面绿色，有疏密不等的白色蛛丝状毛。头状花序直立，雌雄异株，雌花序较雄花序大；雄花序总苞长 1.8 厘米，雌花序总苞长约 2.5 厘米；花管状，紫红色或白色。瘦果淡黄色。花、果期均为 4—7 月。生于山坡、河旁或荒地。

全草入药，名为小蓟；凉血止血，祛瘀消肿；主治衄血、吐血、尿血、便血、崩漏下血、外伤出血。

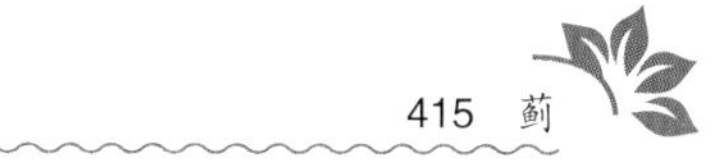

蓟

Cirsium japonicum (Thunb.) Fisch. ex DC.

蓟属 *Cirsium*　菊科 Asteraceae

多年生草本，高 0.5 ~ 1.0 米。块根纺锤状或萝卜状。全体被稠密或稀疏的长多节毛。基部叶片长倒卵状椭圆形，长 8 ~ 22 厘米，羽状深裂或几全裂，边缘有大小不等锯齿，齿端有针刺；中部叶片长圆形，羽状深裂，裂片和裂齿顶端均有针刺，基部抱茎。头状花序球形；总苞钟状，径 3 厘米，总苞片多层，先端有短刺；花全为管状，紫色或玫瑰色，两性，结实。瘦果压扁。花、果期均为 6—9 月。生于田边或荒地、旷野。

根或全草入药，根名为大蓟根，全草名为大蓟；凉血止血，散瘀消肿；主治咯血、吐血、衄血、尿血、跌打瘀肿、疮痈肿毒。

鳢肠

Eclipta prostrata (L.) L.

鳢肠属 *Eclipata* 菊科 Asteraceae

一年生半伏地草本，高达50厘米。全株有粗毛，枝条红褐色，揉碎后汁液变成黑色。叶对生；叶片长圆状披针形，长3 ~ 10厘米，先端渐尖，基部楔形，全缘或有细齿；无叶柄。头状花序1 ~ 2个腋生或顶生，径0.5 ~ 0.8厘米，有梗；缘花舌状，白色，2层，两性，结实；盘花管状，白色，两性，结实。花、果期均为6—10月。生于路旁草丛、沟边草地。

全草入药，名为墨旱莲；凉血止血，滋补肝肾；主治肝肾阴虚证、阴虚血热的失血证。

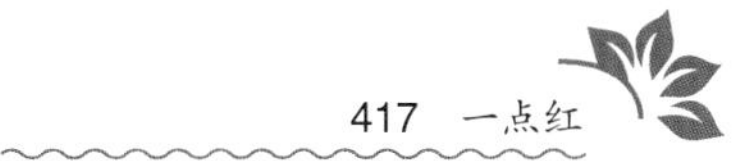

一点红

Emilia sonchifolia (L.) DC. ex DC.

一点红属 *Emilia*　菊科 Asteraceae

一年生草本。茎直立，高 10 ~ 40 厘米，多分枝。基生叶琴状分裂；茎生叶大头羽状分裂，长 5 ~ 10 厘米，宽 2.5 ~ 6.5 厘米，基部多少抱茎，叶背常变紫红色。头状花序径 1.0 ~ 1.2 厘米，有长梗；花全为管状，紫红色。瘦果圆柱形，有 5 纵肋；冠毛白色而软。花、果期均为 7—11 月。生于山坡、路边、茶园、菜园地。

全草入药；清热解毒，散瘀消肿；主治感冒发热、咽喉肿痛、口腔溃疡、外伤感染、疖肿疮疡、皮肤湿疹、跌打损伤、肠炎、痢疾、蛇咬伤。

华泽兰

Eupatorium chinense L.

泽兰属 *Eupatorium*　菊科 Asteraceae

多年生草本。茎直立，高 1.0 ~ 1.5 米，有褐红色斑和细纵条纹，被污白色短柔毛。叶对生；叶片卵形或卵状披针形，长 3 ~ 8 厘米，宽 2 ~ 6 厘米，先端渐尖，基部圆形或心形，叶背有柔毛，间有腺点；叶柄极短或无。头状花序多数，排列成大型疏散的复伞房状；内层苞片先端钝或圆形；花管状，白色、粉色或红色，外面被稀疏的黄色腺点。花、果期均为 5—8 月。生于山坡草地、林缘、林下灌丛。

根、叶入药。根清咽利喉，清热解毒；主治白喉、扁桃体炎、咽喉炎、痈疽疖肿、毒蛇咬伤。叶解毒疗疮；捣敷治蛇伤、肿毒。

佩兰

Eupatorium fortunei Turcz.

泽兰属 *Eupatorium*　菊科 Asteraceae

多年生草本。茎直立，高 40 ～ 100 厘米，绿色或红紫色。下部叶对生，叶片稍分裂；中部叶片较大，3 全裂或深裂，中裂片较大，长椭圆形或长椭圆状披针形，长 5 ～ 10 厘米，宽 1.5 ～ 2.5 厘米；上部叶片常不分裂，两面无毛，无腺点，具羽状脉。头状花序多数，排列成复伞房状；每头状花序有 5 朵花；花管状，白色或带微红色。花、果期均为 9—11 月。生于路边灌丛及山坡草丛中。

地上部分入药；化湿，解暑；用于治疗脘闷呕恶、口中甜腻、多涎口臭、外感暑湿、恶寒发热、头胀胸闷。

大吴风草

Farfugium japonicum (L.) Kitam.

大吴风草属 *Farfugium* 菊科 Asteraceae

多年生草本。茎花葶状，高 30 ~ 70 厘米。基生叶莲座状，叶片肾形，通常长 4.0 ~ 1.5 厘米，宽 6 ~ 30 厘米，先端圆形，基部心形，边缘有尖头细齿成全缘，叶柄长 10 ~ 38 厘米，基部扩大呈短鞘；茎生叶叶片 1 ~ 3 枚，苞叶状，长圆形或线状披针形，长 1 ~ 2 厘米，无柄，抱茎。头状花序径 4 ~ 6 厘米，排列成疏散伞房状；缘花舌状，黄色；盘花管状，黄色，多数。花、果期均为 7—10 月。生于低海拔的林下、山地、山谷。

全草入药；清热解毒，凉血止血，消肿散结；治风热感冒、咽喉肿痛、痈肿、疔疮、跌打损伤。

菊三七

Gynura japonica (Thunb.) Juel

菊三七属 *Gynura* 菊科 Asteraceae

多年生草本，高 45 ~ 90 厘米。根肉质肥大。茎幼时紫红色，多分枝，表面光滑，具纵条纹。基部叶簇生，有锯齿或羽状深裂，背面紫红色，花时凋落；中部叶互生，膜质，叶片长椭圆形，长 10 ~ 25 厘米，羽状深裂，有 2 假托叶。头状花序多数，径 1.0 ~ 1.5 厘米，在茎枝端排列成疏伞房状；总苞钟形，管状花黄色。花、果期均为 8—10 月。生于山坡、路旁。

根入药；解毒消肿，止血散瘀；治跌打损伤、瘀积肿痛、风湿骨痛、痈疮肿毒、乳痈。

泥胡菜

Hemistepta lyrata (Bunge) Bunge

泥胡菜属 *Hemistepta* 菊科 Asteraceae

一年生草本，高 30 ~ 80 厘米。根肉质，圆锥状。茎有纵条纹，光滑或有蛛丝状毛。基生叶莲座状，有柄，叶片倒披针形，长 7 ~ 21 厘米，宽 2 ~ 6 厘米，羽状深裂或琴状分裂，顶裂片较大，上面绿色，下面密被白色蛛丝状毛；中部叶片椭圆形，羽状分裂，无柄；上部叶片小，线状披针形至线形，全缘或浅裂。头状花序少数，在枝端排列成疏松伞房状；花全为管状，紫红色。花、果期均为 5—8 月。生于山坡、田野、路旁。

全草入药；清热解毒，散结消肿；治痔瘘、痈肿疔疮、外伤出血、骨折。

黄瓜假还阳参 苦荬菜

Crepidiastrum denticulatum (Houtt.) Pak et Kawano

假还阳参属 *Crepidiastrum* 菊科 Asteraceae

一或二年生草本，高 30 ~ 80 厘米。茎直立，无毛，有乳汁，常带紫红色。秋季开花。基生叶花期枯萎，叶片卵形或长圆形，长 5 ~ 10 厘米，宽 2 ~ 4 厘米；茎生叶叶片舌状卵形或倒长卵形，长 3 ~ 9 厘米，宽 1.5 ~ 4.0 厘米，基部微抱茎，耳状，边缘具不规则锯齿。头状花序具梗，排列成伞房状；花全为舌状，黄色。瘦果纺锤形，具 11 ~ 14 棱，黑褐色，有短喙，喙长 0.2 ~ 0.5 毫米。花、果期均为 9—11 月。生于路边荒地、田野、山坡。

全草入药；清热解毒，消肿止痛；治肺痈、乳痈、血淋、疖肿、跌打损伤。

尖裂假还阳参 抱茎苦荬菜

Crepidiastrum sonchifolium (Maxim.) Pak et Kawano

假还阳参属 *Crepidiastrum* 菊科 Asteraceae

多年生草本，高 30 ~ 60 厘米。茎直立，有乳汁。春季开花。基生叶开花时常存在，叶片长圆形，长 3 ~ 7 厘米，宽 1.5 ~ 2.0 厘米，基部楔形下延，边缘具齿或不整齐羽状深裂；茎生叶叶片卵状长圆形，长 3 ~ 6 厘米，宽 0.6 ~ 2.0 厘米，先端渐狭成长尾尖，基部宽成耳形抱茎；叶无柄。头状花序具梗，排列成伞房状圆锥花序式；花全为舌状，黄色。瘦果纺锤形，具 10 条细纵棱，短喙长 0.6 ~ 1.0 毫米。花、果期均为 4—7 月。生于荒野、路旁及山坡。

幼苗入药，称苦碟子；清热解毒，排脓，止痛；主治阑尾炎、肠炎、痢疾、各种化脓性炎症、吐血、衄血、头痛、牙痛、黄水疮、痔疮。

剪刀股

Ixeris japonica (Burm. f.) Nakai

苦荬菜属 *Ixeris*　菊科 Asteraceae

多年生草本。茎高 10 ~ 30 厘米，无毛。基生叶莲座状，叶片匙状倒披针形至倒卵形，长 5 ~ 15 厘米，宽 1 ~ 3 厘米，先端钝圆，基部下延成叶柄，全缘或具疏锯齿；花茎上的叶片仅 1 ~ 2 枚或无，全缘，无柄。头状花序花全为舌状，黄色。花、果期均为 4—6 月。生于路旁、沟边荒地。

全草入药；清热凉血，利尿消肿；用于治疗肺热咳嗽、喉痛、口腔溃疡、急性结膜炎、阑尾炎、水肿、小便不利；外用治乳腺炎、疮疖肿毒、皮肤瘙痒。

大丁草

Gerbera anandria (L.) Sch. Bip.

大丁草属 *Gerbera* 菊科 Asteraceae

多年生草本。植株分春秋二型；春型植株高 8 ~ 19 厘米，叶基生，莲座状，叶片宽卵状或椭圆状宽卵形，长 2 ~ 6 厘米，先端钝圆，边缘具圆波状齿和不规则小牙齿，上面被蛛丝状毛，下面密被白色绵毛；秋型植株高大，高 30 ~ 60 厘米，叶片倒披针状长椭圆形，长 5 ~ 6 厘米，通常提琴状羽裂。花茎 1 ~ 3 枚，密被白色绵毛；头状花序单生，径约 2 厘米；春型缘花舌状，紫色，雌性，盘花管状，两性；秋型全为管状花，紫红色，两性，结实。春型花、果期均为 4—5 月，秋型花、果期均为 8—11 月。生于山坡路旁、林缘草地。

全草入药；清热利湿，解毒消肿；主治肺热咳嗽、湿热泻痢、热淋、风湿关节痛、痈疖肿毒、毒蛇咬伤、烧烫伤。

拟鼠麹草　鼠麹草

Pseudognaphalium affine (D. Don) Anderb.

鼠麹草属 *Pseudognaphalium*　菊科 Asteraceae

二年生草本。茎直立，通常自基部分枝，丛生状，高 10 ~ 40 厘米，全体密被白色绵毛。下部和中部叶片匙状倒披针形，长 2 ~ 6 厘米，先端圆形，具短尖，基部下延，全缘，两面被白色绵毛，无叶柄。头状花序多数，径 0.2 ~ 0.3 厘米，在枝顶密集成伞房状；总苞片金黄色或柠檬黄色；缘花细管状，雌性，结实；盘花管状，两性，结实。瘦果倒卵形。花、果期均为 4—5 月。生于荒地、路旁草地。

全草入药；疏风清热，利湿，解毒；主治感冒咳嗽、急慢性支气管炎、哮喘、高血压、风湿性腰腿痛；外敷治毒蛇咬伤、跌打损伤。

千里光

Senecio scandens Buch.-Ham. ex D. Don

千里光属 *Senecio* 菊科 Asteraceae

多年生草本。茎常攀援状倾斜，曲折，长 60 ~ 200 厘米，多分枝，具棱。叶互生；叶片卵状披针形至长三角形，长 3 ~ 7 厘米，先端长渐尖，基部楔形至截形，边缘具不规则钝齿。头状花序多数，在茎枝端排成开展的复伞房状或圆锥状聚伞花序式；缘花舌状，黄色；盘花管状，黄色，结实。瘦果圆柱形。花、果期均为 9—11 月。生于山坡上、山沟中、林中、灌丛中。

全草入药；清热解毒，清肝明目；主治疮疖痈肿、湿疹、皮炎、毒蛇咬伤、急性结膜炎、咽喉肿痛。

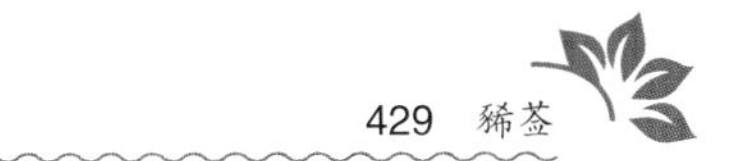

豨莶

***Siegesbeckia orientalis* L.**

豨莶属 *Siegebeckia*　菊科 Asteraceae

一年生草本，高 0.3 ~ 1.5 米，上部分枝常呈复二歧状。叶对生；叶片纸质，三角状宽卵形，长 4 ~ 18 厘米，先端急尖而钝，基部通常宽楔形或近截平，边缘有不规则的大小钝齿至浅裂，两面被毛，基三出脉。头状花序径 1.6 ~ 2.1 厘米，通常排列呈二歧分枝式；缘花舌状，黄色，雌性，结实；盘花管状，两性，结实。花期 4—9 月，果期 6—11 月。生于旷野草地上。

全草入药；祛风湿，利关节，解毒；主治风湿痹痛、中风半身不遂、风疹、湿疮、疮痈。

一枝黄花

Solidago decurrens Lour.

一枝黄花属 *Solidago* 菊科 Asteraceae

多年生草本，高 20 ～ 70 厘米。茎直立或斜升，基部略带紫红色，分枝少。叶互生；叶片卵圆形或长圆形，长 4 ～ 10 厘米，先端急尖、渐尖或钝，基部楔形渐窄，边缘锐锯齿，向上渐变小至近全缘。头状花序径 0.5 ～ 0.8 厘米，单枚或 2 ～ 4 枚聚生于腋生的短枝上，再排列成总状或圆锥状；缘花舌状，黄色，雌性；盘花管状，两性。花、果期均为 9—11 月。生于山坡、草地、路旁。

全草入药；清热解毒，消肿止痛；主治感冒头痛、咽喉肿痛、黄疸、小儿惊风、跌打损伤、痈肿发背。

南方兔儿伞

Syneilesis australis Ling.

兔儿伞属 *Syneilesis*　菊科 Asteraceae

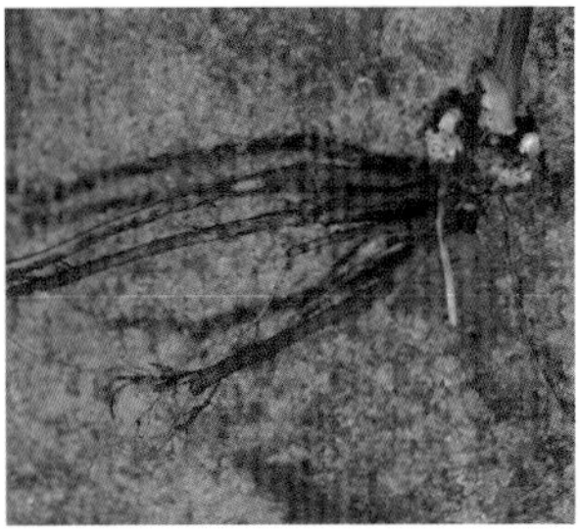

多年生草本，高 30 ~ 90 厘米。根状茎横走。茎无毛，基生叶 1 片，具长柄，花期枯萎；茎生叶 2 枚，互生；下方的叶片圆盾形，径 20 ~ 30 厘米，通常 7 ~ 9 掌状深裂至全裂，叶柄长 10 ~ 16 厘米；上方的叶片径 12 ~ 24 厘米，通常 4 ~ 5 深裂，叶柄长 2 ~ 6 厘米。头状花序径 5 ~ 7 厘米；花管状，淡红色，后变红色，两性，结实。花、果期均为 6—10 月。生于山坡、荒地、林缘、路旁。

全草和根入药，有小毒；祛风除湿，解毒活血，消肿止痛；主治风湿麻木、关节疼痛、跌打损伤、风湿病、腰腿痛、月经失调。

蒲公英

Taraxacum mongolicum Hand.-Mazz.

蒲公英属 *Taraxacum*　菊科 Asteraceae

多年生草本。根圆柱形，黑褐色。叶基生；叶片宽倒卵状披针形，长 5 ~ 12 厘米，边缘具细齿或波状齿，羽状浅裂或倒向羽状深裂；叶柄具翅，被蛛丝状柔毛。花葶与叶等长或与叶稍长，上部紫黑色，密被白色蛛丝状长柔毛；头状花序径约 3.5 厘米；花全为舌状，鲜黄色。瘦果稍扁；冠毛刚毛状，白色。花、果期均为 4—6 月。生于路边、田野、山坡上。

全草入药；清热解毒，消肿散结，利湿通淋；主治急性乳腺炎、淋巴结炎、疔毒疮肿、急性结膜炎、急性扁桃体炎、尿路感染、蛇虫咬伤。

苍耳

***Xanthium strumarium* L.**

苍耳属 *Xanthium*　菊科 Asteraceae

一年生草本。茎直立，高 30 ~ 60 厘米。叶互生；叶片三角状卵形或心形，基部叶脉直露，具基三出脉，被糙伏毛。雄性的头状花序球形；雌性的头状花序椭圆形，总苞片 2 层，外层披针形，内层结合成囊状，瘦果成熟时苞片变坚硬，连同喙部长 1.2 ~ 1.5 厘米，外面有疏生具钩的刺。花、果期均为 8—9 月。生于山坡、草地、路旁、田边。

全草和果实入药，有小毒；全草名为苍耳草，祛风除湿，止痒；主治筋骨酸痛、头痛、皮肤瘙痒；外用治疥癣、虫伤。果实名为苍耳子，散风除湿，通鼻窍；主治风寒头痛、鼻渊流涕、风疹瘙痒、湿痹拘挛。

蝴蝶戏珠花

Viburnum plicatum var. *tomentosum* Miq.

荚蒾属 *Viburnum* 五福花科 Adoxaceae

落叶灌木，高达 3 米。叶对生；叶片膜质至近纸质，宽卵形或长圆状卵形，长 4 ~ 10 厘米，宽 2 ~ 6 厘米，先端圆形而急尖，基部宽楔形或圆形，侧脉常 8 ~ 14 对，直达齿端。花序复伞形状，圆球形，径 4 ~ 8 厘米，周围有 4 ~ 6 朵大型的不孕花，中央的孕花径约 0.3 厘米，白色至翠白色，花后能结实；果实先红色后变黑色。花期 4—5 月，果期 8—9 月。生于山坡或沟谷旁灌木丛中。

根及茎入药；清热解毒，健脾消积；用于治疗小儿疳积。

鸡树条　天目琼花

Viburnum opulus subsp. *calvescens* (Rehder) Sugim.

荚蒾属 *Viburnum*　五福花科 Adoxaceae

落叶灌木，高 2 ~ 3 米。叶对生；叶片纸质，卵圆形至宽卵形，长及宽各为 6 ~ 12 厘米，通常 3 裂而具掌状三出脉，基部圆形、楔形或浅心形，边缘常具不整齐粗牙齿。花序复伞形状，周围有大型的不孕花；花冠乳白色，辐状；雄蕊长至少为花冠的 1.5 倍，花药带紫红色。果实近球形至球形，红色。花期 5—6 月，果期 9—10 月。生于山坡、溪谷落叶阔叶矮林中或溪边灌丛中。

叶、嫩枝及果入药；鸡树条祛风通络，活血消肿；治腰扭伤、关节酸痛、跌打闪挫伤、疮疖、疥癣。鸡树条果止咳，治咳嗽。

宜昌荚蒾

Viburnum erosum Thunb.

荚蒾属 *Viburnum* 五福花科 Adoxaceae

落叶灌木，高达 3 米。叶对生；叶片膜纸质至纸质，干后不变黑色，卵形或狭卵形，长 3 ~ 10 厘米，宽 1.5 ~ 5.0 厘米，先端急尖或渐尖，基部常微心形、圆形或宽楔形，边缘有尖齿，中脉下陷，近基部第 1 对侧脉以下区域内有腺体，侧脉 7 ~ 14 对，直达齿端；托叶 2 枚，线状钻形，宿存。花序复伞形状；花冠白色，辐状；雄蕊短于至略长于花冠。果实宽卵形至球形，红色。花期 4—5 月，果期 9—11 月。生于山坡林下或灌丛中。

根入药；祛风除湿；主治风寒湿痹。

接骨草

Sambucus javanica Blume

接骨木属 *Sambucus*　五福花科 Adoxaceae

多年生草本或半灌木。茎高 0.8 ~ 3.0 米，圆柱形，具紫褐色棱条，髓部白色。奇数羽状复叶，有小叶 3 ~ 9 枚；叶片搓揉后有臭味；托叶叶状或退化成腺体，早落。复伞形状花序大而疏散，顶生；不孕性花变成黄色杯状腺体，不脱落；可孕性花小，白色或略带黄色，辐射状；花冠 5 深裂；雄蕊 5 枚；柱头 3 裂。果近圆形，熟时橙黄色至红色。花期 6—8 月，果期 8—10 月。生于山坡、山谷路旁、林缘或溪边。

全草入药。根能祛风消肿，舒筋活络；治风湿性关节炎、跌打损伤等。茎叶发汗利尿，通经活血；治肾炎水肿。全草煎水洗治风疹瘙痒。

接骨木

Sambucus williamsii Hance

接骨木属 *Sambucus* 五福花科 Adoxaceae

落叶灌木或小乔木，高 2 ~ 8 米。小枝无毛，皮孔粗大，密生，髓部淡黄褐色。奇数羽状复叶，对生，有小叶 3 ~ 11 枚，叶搓揉后有臭味；托叶小，线形或腺体状。圆锥状聚伞花序顶生，长 5 ~ 11 厘米；花小，白色或带淡黄色。果球形或椭圆形，红色，稀蓝紫黑色，萼片宿存。花期4—5 月，果期6—7（—9）月。生于山坡疏林下或林缘灌丛中。

根、茎、叶、花入药。根、叶祛风除湿，利水消肿，清热利胆，接骨疗伤；治风湿疼痛、跌打损伤、烫伤、黄疸。茎疗痹止痛，散风止痒，活血散瘀，解毒疗疮；治风湿筋骨疼痛、腰痛、风痒、跌打肿痛、骨折、创伤出血。花发汗利尿；治小便不利、水肿。

忍冬

Lonicera japonica Thunb.

忍冬属 *Lonicera* 忍冬科 Caprifoliaceae

半常绿木质藤本。枝中空，幼枝暗红褐色，密被黄褐色毛，下部常无毛。叶对生；叶片纸质，卵形至长卵形，长 3 ~ 8 厘米，嫩叶被毛。花双生，总花梗常单生于小枝上部叶腋，与叶柄等长或比叶柄稍短；花冠白色，后变黄色，唇形，长 2 ~ 6 厘米；雄蕊 5 枚，与花柱均长于花冠。果圆球形，熟时蓝黑色。花期 4—6 月。果期 10—11 月。生于丘陵灌丛边缘。

花、茎入药。茎名为忍冬藤，清热解毒，疏风通络；主治温病发热、热毒血痢、痈肿疮疡、风湿热痹、关节红肿热痛。花名为金银花，清热解毒，凉散风热；主治痈肿疔疮、喉痹、丹毒、热毒血痢、风热感冒、温病发热。

日本续断　续断

Dipsacus japonicus Miq.

川续断属 *Dipsacus*　忍冬科 Caprifoliaceae

多年生草本。主根发达。茎直立，高 1.0 ~ 1.5 米，中空，多分枝，具 4 ~ 6 棱，棱上疏生粗短硬刺，节上密生白色柔毛。基生叶丛生，叶片长椭圆形，不裂或 3 裂，叶柄细长；茎生叶对生，叶片椭圆形至卵形，长 8 ~ 20 厘米，宽 3 ~ 8 厘米，羽状深裂至全裂。头状花序顶生，圆球形，径 2 ~ 3 厘米；花萼盘状，4 浅裂；花冠紫红色，漏斗状。瘦果长圆楔形。花期 8—9 月，果期 9—10 月。生于山坡林下或溪边灌草丛中。

根入药；补益肝肾，强筋健骨，止血安胎，疗伤续折；主治腰背酸痛、足膝无力、胎漏、崩漏、带下、遗精、跌打损伤、金疮、痔漏、痈疽疮肿。

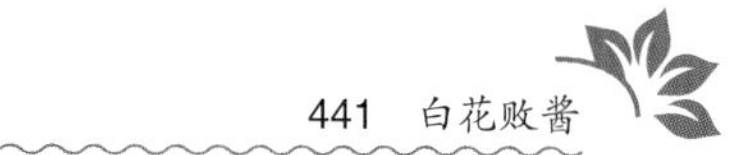

白花败酱

Patrinia villosa **(Thumb.) Juss.**

败酱属 *Patrinia*　忍冬科 Caprifoliaceae

多年生草本。茎直立，高 50 ~ 100 厘米。茎生叶对生，叶片卵形或窄椭圆形，长 4 ~ 11 厘米，宽 2 ~ 5 厘米，先端渐尖，基部楔形下延，边缘羽状分裂或不裂，叶柄长 1 ~ 3 厘米；茎上部叶片渐近无柄。聚伞花序多分枝，排列成伞房状圆锥花序；花冠钟状，白色，5 裂；雄蕊 4 枚。瘦果倒卵形。花期 8—10 月，果期 10—12 月。生于山地林下、林缘或溪边的草丛中及灌木丛中。

全草入药；清热解毒，消痈排脓，祛瘀止痛；主治肠痈、肺痈、痈肿、疮毒、产后瘀阻腹痛。

缬草

Valeriana officinalis L.

缬草属 *Valeriana* 忍冬科 Caprifoliaceae

多年生草本。根状茎短。茎直立，高 40 ~ 80 厘米，具细纵棱。茎生叶对生，叶片卵形至宽卵形，羽状全裂，裂片 5 ~ 9 枚，通常为 7 枚，顶生裂片稍大。伞房状聚伞花序顶生，花序分枝基部有总苞片 1 对，线形；花冠淡红色或白色。瘦果长卵形，顶端有白色羽状冠毛。花期 5 月，果期 6 月。生于林下或沟边。

根茎及根入药；安神，理气，活血止痛；主治心神不宁、失眠少寐、惊风、癫痫、血瘀经闭、痛经、腰腿痛、跌打损伤、脘腹疼痛。

海金子 崖花海桐

Pittosporum illicioides **Makino**

海桐花属 *Pittosporum* 海桐花科 Pittosporaceae

常绿灌木，高 1 ~ 4 米。叶互生，常簇生于枝顶；叶片薄革质，倒卵状披针形或倒披针形，长 5 ~ 10 厘米，宽 2.5 ~ 4.5 厘米，先端渐尖，基部狭楔形，常下延。伞形花序顶生，有花 1 ~ 12 朵；花瓣淡黄色；雌蕊由 3 心皮组成，子房上位。蒴果近圆球形，有纵沟 3 条，3 瓣裂开。花期 4—5 月，果期 6—10 月。生于山沟溪坑边、林下岩石旁及山坡杂木林中。

根、叶和种子均入药；解毒，利湿，活血，消肿；主治蛇咬伤、关节疼痛、痈疽疮疖、跌打伤折、皮肤湿疹。

海桐

Pittosporum tobira (Thunb.) Ait.

海桐花属 *Pittosporum* 海桐花科 Pittosporaceae

常绿灌木，高 1.5 ~ 6.0 米。叶互生，常聚生于枝顶；叶片革质，倒卵形，长 4 ~ 9 厘米，宽 1.5 ~ 4.0 厘米，先端圆钝，常微凹，基部狭楔形，下延，全缘，干后反卷。伞形花序或伞房状伞形花序顶生；花瓣白色或黄绿色，芳香；子房上位，侧膜胎座。蒴果圆球形，有 3 棱。花期 4—6 月，果期 9—12 月。生于林下沟边，各地多栽培。

根、叶、种子入药；根能祛风，叶能解毒止血，种子能涩肠固精；治腰膝痛、风癣、风虫牙痛等。

楤木

***Aralia chinensis* L.**

楤木属 *Aralia* 五加科 Araliaceae

落叶灌木或小乔木，高 2 ~ 8 米。枝有疏刺，被黄棕色绒毛。叶互生，奇数二至三回羽状复叶；小叶片边缘具细锯齿。伞形花序再组成顶生大型圆锥花序，长 30 厘米以上；顶生伞形花序径 1.0 ~ 1.5 厘米，花梗长 0.2 ~ 0.6 厘米；花白色，芳香；花萼 5 齿；花瓣 5 枚；雄蕊 5 枚；子房下位，5 室，花柱 5 离生。果球形，熟时紫黑色。花期 6—8 月，果期 9—10 月。生于低山坡、山谷疏林中或林下较阴处。

茎入药；祛风除湿，活血止痛；主治关节炎、胃痛、坐骨神经痛、跌打损伤。

棘茎楤木

Aralia echinocaulis Hand.-Mazz.

楤木属 *Aralia*　五加科 Araliaceae

小乔木，高 2 ~ 4 米。小枝及茎干密生红棕色细长直刺。二回羽状复叶，长 35 ~ 50 厘米；小叶近无柄。伞形花序有花多数，组成顶生圆锥花序，长达 50 厘米；花萼无毛，淡红色；花瓣 5 枚，白色；雄蕊 5 枚；子房下位，5 室，花柱 5 离生。果球形，熟时紫黑色，宿存花柱 5 裂，反折。花期 6—7 月，果期 8—9 月。生于山坡疏林中或林缘。

茎入药；祛风除湿，活血止痛；主治关节炎、胃痛、坐骨神经痛、跌打损伤。

树参

Dendropanax dentiger (Harms) Merr.

树参属 *Dendropanax*　五加科 Araliaceae

常绿小乔木，高 2.5 ~ 10 米。叶二型，不分裂或掌状分裂；不裂叶的叶片椭圆形或卵状椭圆形，长 6 ~ 11 厘米，宽 1.5 ~ 6.5 厘米，先端渐尖，基部圆形至楔形，基出三脉明显；分裂叶的叶片倒三角形，掌状 2 ~ 3 深裂或浅裂，裂片全缘或疏生锯齿。伞形花序单个顶生或 2 ~ 5 个组成复伞形花序；花淡绿色。果长圆形，熟时紫黑色。花期 7—8 月，果期 9—10 月。生于山谷溪边石隙旁或山坡林中和林缘。

根及茎、叶入药；祛风除湿，舒筋活络，壮筋骨，活血；治风湿性关节炎、跌打损伤、半身不遂、偏头痛、月经不调等。

竹节参　大叶三七

Panax japonicus (T. Nees) C.A. Mey.

人参属 *Panax*　五加科 Araliaceae

多年生草本，高 30 ~ 100 厘米。根状茎横生，呈竹鞭状或串珠状。掌状复叶，3 ~ 5 枚轮生于茎顶；叶柄长 5 ~ 10 厘米；小叶 5 枚，有时 3 ~ 4 枚。中央小叶片宽椭圆形，长 5 ~ 15 厘米，宽 2.5 ~ 6.5 厘米，最下方 2 片小叶较小，基部常偏斜。伞形花序单生于茎顶；花小，淡绿色或带白色。果近球形，熟时红色。花期 6—8 月，果期 8—10 月。生于山谷林下水沟边或阴湿岩石旁。

根茎入药；滋补强壮，散瘀止痛，止血祛痰；主治病后虚弱、劳嗽咯血、咳嗽痰多、跌打损伤。

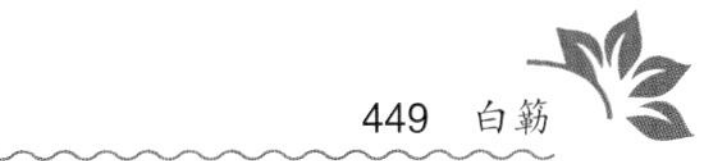

白簕

Eleutherococcus trifoliatus (L.) S.Y. Hu

五加属 *Eleutherococcus* 五加科 Araliaceae

攀援状灌木，高 1.0 ~ 3.5 米。小枝疏生下向宽扁钩刺。小叶 3 枚；叶柄长 2 ~ 5 厘米，有时疏生刺；中央小叶片较大，卵形或椭圆状卵形，长 2 ~ 8 厘米，宽 1.5 ~ 5.5 厘米，两侧小叶片基部歪斜，边缘具细齿或疏钝齿；小叶柄长 0.2 ~ 0.8 厘米。伞形花序 3 ~ 10 朵或更多，组成复伞形或圆锥花序；花黄绿色。果扁球形，径 0.5 厘米，熟时黑色。花期 9—10 月，果期 11—12 月。生于山坡林下、林缘或山谷溪边。

根、根皮、茎和叶均可入药；祛风除湿，舒筋活血，消肿解毒，理气止咳；治风湿性关节炎、腰腿痛、肠炎、痢疾、挫扭伤、骨髓炎、骨结核、感冒发热、咳嗽胸痛、风湿痹痛、骨折、刀伤、湿疹、毒虫咬伤。

细柱五加　五加

Eleutherococcus nodiflorus (Dunn) S.Y. Hu

五加属 *Eleutherococcus*　五加科 Araliaceae

落叶灌木，高 2 ~ 3 米。枝常呈蔓生状，节上疏生反曲扁刺。叶在长枝上互生，在短枝上簇生；叶柄长 3 ~ 9 厘米，小叶 5 枚，稀 3 ~ 4 枚；中央小叶片最大，两侧小叶片渐次较小，倒卵形至倒披针形，边缘具细钝锯齿；小叶柄短或近无柄。伞形花序常单生，稀 2 个腋生，或顶生于短枝上，径约 2 厘米；花小，黄绿色，子房下位，花柱 2 离生。果扁球形，熟时紫黑色。花期 5 月，果期 10 月。生于向阳山坡、路旁灌丛中或杂木林中。

根皮入药，名为五加皮；祛风湿，补肝肾，强筋骨，利水；主治风湿痹证、筋骨痿软、小儿行迟、体虚乏力、水肿。

常春藤

Hedera nepalensis var. *sinensis* (Tobler) Rehder

常春藤属 *Hedera* 五加科 Araliaceae

常绿藤本。茎以气根攀援。叶二型；不育枝上的叶片常为三角状卵形，长 2.5 ~ 12.0 厘米，宽 3 ~ 10 厘米，先端短渐尖或渐尖，基部截形或心形，全缘或 3 裂；能育枝上的叶片常为长椭圆状卵形，先端渐尖，基部楔形，全缘。伞形花序单生或 2 ~ 7 个组成总状或伞房状；花淡绿白色，芳香。果球形，具宿存花柱，熟时红色或黄色。花期 10—11 月，果期翌年 3—5 月。生于山坡、山脚裸岩旁、树丛中、乱石堆中。

带叶藤茎入药；祛风利湿，平肝解毒；主治风湿性关节炎、肝炎、头晕、口眼歪斜、衄血、目翳、痈疽肿毒。

通脱木

Tetrapanax papyrifer (Hook.) K. Koch

通脱木属 *Tetrapanax* 五加科 Araliaceae

落叶灌木，高 1 ~ 6 米。茎干粗壮，幼时密被星状厚绒毛，内具大的白色髓心；叶大，常密集茎干顶端；叶片纸质或薄革质，长 13 ~ 50 厘米，宽 24 ~ 70 厘米，基部心形，掌状 5 ~ 11 浅裂或中裂，上面无毛，下面密被淡黄色星状毛；叶柄粗壮，长 30 ~ 50 厘米。伞形花序排列成总状，再组成顶生大型圆锥花序，长 20 ~ 50 厘米或更长；花小，黄白色。果扁球形，紫黑色。花期 10—11 月，果期翌年 4—5 月。栽培。

茎髓入药，即中药“通草”；清热利尿，通气下乳；治淋病涩痛、小便不利、水肿、黄疸、湿温病、小便短赤、产后乳少、经闭、带下。

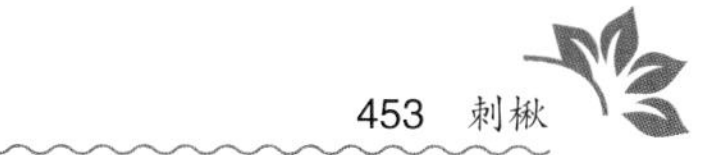

刺楸

Kalopanax septemlobus (Thunb.) Koidz.

刺楸属 *Kalopanax* 五加科 Araliaceae

落叶乔木，高 20 ~ 30 米。树皮与枝干密被粗刺。叶在长枝上互生，在短枝上簇生；叶片纸质，近圆形，径 10 ~ 30 厘米，基部心形或截形，掌状 5 ~ 9 裂，边缘具细锯齿。伞形花序聚生成顶生圆锥花序，长 15 ~ 25 厘米；伞形花序径 1.0 ~ 3.5 厘米，有花多数；花瓣 5 枚，白色或淡黄色；雄蕊 5 枚；子房下位，柱头 2 裂。果球形，熟时蓝黑色。花期 7—8 月，果期 9—12 月。生于山坡林中或林缘空旷地。

根皮及树皮入药。树皮清热解毒，祛风除湿，杀虫，活血；治风湿痹痛、腰膝痛。根皮有小毒；凉血，散瘀，祛风除湿；治肠风痔血、跌打损伤、风湿骨痛、脱肛。

紫花前胡

Angelica decursiva (Miq.) Franch. et Sav.

当归属 *Angelica*　伞形科 Apiaceae

多年生草本，高 1 ～ 2 米。根圆锥形，有分枝，具浓香。茎单一，带暗紫红色。基生叶和茎下部叶有柄，柄长 10 ～ 30 厘米，叶鞘较宽，叶片三角状卵形，长 10 ～ 25 厘米，一至二回羽状全裂，边缘有不整齐锯齿。复伞形花序顶生和侧生；总花梗长 2.5 ～ 8.0 厘米；花深紫色。生于山坡林下、林缘及路旁阴湿草丛中。

根入药；降气化痰，疏散风热；主治痰热咳喘、风热咳嗽。

北柴胡

Bupleurum chinense DC.

柴胡属 *Bupleurum* 伞形科 Apiaceae

多年生草本，高 50 ~ 120 厘米。根茎粗，棕褐色，坚硬。茎直立，2 ~ 3 丛生，表面具细纵棱，上部多分枝。基生叶叶片倒披针形或狭椭圆形，基部渐狭成长柄，先端渐尖；茎中部叶片剑形或倒披针形，长 3.5 ~ 10.0 厘米，宽 0.5 ~ 2.5 厘米，先端渐尖或急尖，呈短芒尖状，基部渐狭成柄。复伞形花序多数，花瓣黄色。果实卵形或长圆形，略两侧扁压，长 0.2 ~ 0.3 厘米，果棱狭翅状。花期 8—9 月，果期 9—10 月。生于丘陵低山坡、路旁草丛中。

根入药，名为柴胡；解表退热，疏肝解郁，升举阳气；主治感冒、寒热往来、疟疾、肝郁胁痛、肝炎、胆道感染、胆囊炎、中气下陷、脱肛、月经不调、子宫脱垂等。

明党参

Changium smyrnioides Wolff

明党参属 *Changium*　伞形科 Apiaceae

多年生草本，高 50 ~ 100 厘米。全体无毛，具白霜。主根粗短而呈纺锤形或细长而呈圆柱形，外皮黄褐色，里面白色。茎直立，具细纵条纹，中空，有疏散而开展的分枝。基生叶有长柄，柄长 4 ~ 20 厘米，叶片二至三回三出式羽状全裂。复伞形花序顶生和侧生；小伞形花序有花 6 ~ 15 朵；花瓣白色，有紫色中脉。果实卵圆形，长 0.2 ~ 0.3 厘米，果棱不明显。 花期 4—5 月，果期 5—6 月。生于山野稀疏灌木林下与林缘土质肥厚处。

根入药；润肺化痰，养阴和胃，平肝解毒；主治肺热咳嗽、呕吐反胃、食少口干、目赤眩晕、疔毒疮疡。

蛇床

Cnidium monnieri (L.) Cuss.

蛇床属 *Cnidium*　伞形科 Apiaceae

一年生草本，高 12 ~ 50 厘米。根细长。茎直立，多分枝，中空，表面具棱，粗糙。下部茎生叶叶柄短，基部加宽呈鞘状抱茎，叶鞘边缘膜质；中部及上部的叶柄全部鞘状，叶片三角状卵形，长 3 ~ 8 厘米，宽 2 ~ 5 厘米，二至三回三出式羽状全裂。复伞形花序顶生和侧生；花瓣白色。果实椭圆形，长约 0.2 厘米；果棱成宽翅状。花期 4—7 月，果期 5—10 月。生于山野、路旁、溪边湿处。

果实入药，名为蛇床子；温肾壮阳，燥湿杀虫，祛风止痒；治皮肤湿疹、阴道滴虫、肾虚阳痿、宫寒不孕、寒湿带下、风湿痹痛、湿疮疥癣。

鸭儿芹

Cryptotaenia japonica Hassk.

鸭儿芹属 *Cryptotaenia*　伞形科 Apiaceae

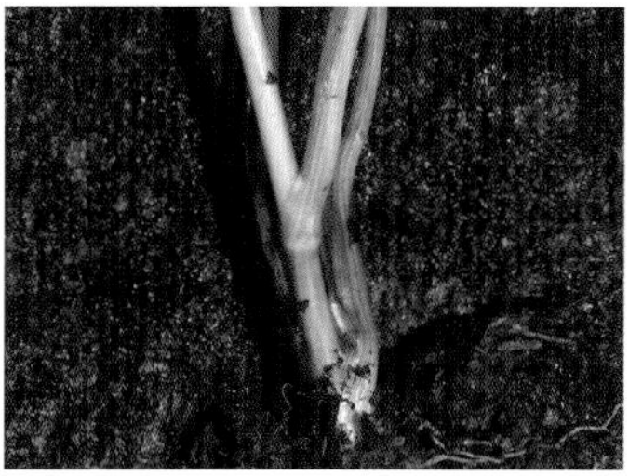

多年生草本，高 20 ~ 100 厘米。茎直立，具细纵棱，略带淡紫色。叶片广卵形，长 2 ~ 18 厘米，三出。复伞形花序呈圆锥状；花瓣白色。果实线状长圆形。花期 4—5 月，果期 6—10 月。生于林下路边阴湿处。

全草入药；祛风止咳，利湿解毒，化瘀止痛；主治肺炎、肺脓肿、疝气、风火牙痛、带状疱疹、皮肤瘙痒。

水芹

Oenanthe javanica (Blume) DC.

水芹属 *Oenanthe* 伞形科 Apiaceae

多年生草本，高 20 ~ 80 厘米。基生叶叶柄长 6 ~ 10 厘米，基部有叶鞘；叶片近三角形，一至二回羽状分裂，末回裂片披针形、卵形至菱状披针形，长 1 ~ 4 厘米，宽 0.8 ~ 2.0 厘米，先端渐尖，基部楔形或圆楔形，边缘具不整齐牙齿或锯齿；茎上部叶叶柄渐短成鞘，叶片较小。复伞形花序顶生和上部侧生；花瓣白色。果实椭圆形。花、果期均为 5—9 月。生于丘陵、低地潮湿处或水沟中。

全草入药，清热，利水；治烦渴、黄疸、水肿、淋病、带下、瘰疬。

香根芹

Osmorhiza aristata (Thunb.) Makino et Jabe

香根芹属 *Osmorhiza*　伞形科 Apiaceae

多年生草本，高 20 ～ 60 厘米。主根圆锥形，斜生，粗硬，有香气。茎圆柱形，上部有分枝，草绿色或稍带紫红色。基生叶 2 ～ 3 枚，二至三回羽状分裂，有长柄，柄长 4 ～ 24 厘米。复伞形花序顶生和侧生，总花梗上升且开展，长 4 ～ 16 厘米；花瓣白色。果实线形或棍棒状，长 1 ～ 2 厘米，基部细尖成尾状，果棱有向上贴伏的刺毛。花、果期均为 5—9 月。生于背阴山坡、山谷林缘与路边草丛中。

根入药；散寒发表，止痛；主治风寒感冒、头顶痛、周身疼痛。

前胡 白花前胡

***Peucedanum praeruptorum* Dunn**

前胡属 *Peucedanum* 伞形科 Apiaceae

多年生草本，高 60 ~ 120 厘米。基生叶和茎下部叶叶柄长 6 ~ 24 厘米，叶片纸质，近圆形至宽卵形，长 5 ~ 6 厘米，二至三回三出式羽状分裂，末回裂片菱状倒卵形，长 3 ~ 4 厘米，宽 1 ~ 3 厘米，不规则羽状分裂，有圆锯齿；茎生叶二回羽状分裂，裂片较小。复伞形花序顶生和侧生，花序径 3 ~ 6 厘米；花瓣白色。果实椭圆形。生于向阳山坡林下、林缘。

根入药；疏散风热，降气化痰；主治风热头痛、咳嗽痰多、胸胁胀满、痰稠喘息。

直刺变豆菜

Sanicula orthacantha S. Moore

变豆菜属 *Sanicula* 伞形科 Apiaceae

多年生草本，高8～40厘米。茎直立，上部稍有分枝。基生叶有长柄，柄长5～25厘米；叶片圆心形或心状五角形，长2～7厘米，宽3.5～10.0厘米，掌状3全裂，中间裂片倒卵形或菱状倒卵形，侧面裂片歪卵形，边缘有不规则的刺芒状锯齿。总状花序常2～3枚生于枝顶；总苞片3～5枚，线状钻形，长约0.2厘米；萼齿线形或刺毛状，花瓣白色或淡蓝色。果实卵形。花、果期均为4—9月。生于沟谷溪边或林下潮区。

全草入药；清热解毒，活血散瘀；主治麻疹后热毒未尽、耳热瘙痒、跌打损伤。

小窃衣

Torilis japonica (Houtt.) DC.

窃衣属 *Torilis* 伞形科 Apiaceae

一年生或多年生草本，高 20 ~ 120 厘米。茎表面具细槽及白色倒向刺毛。叶片长卵形，一至二回羽状分裂。复伞形花序顶生和侧生，总花梗长 2 ~ 12 厘米；总苞片 3 ~ 6 枚，线形或钻形；花瓣白色或紫红色，先端内折。果实长圆状卵形，长 1.5 ~ 4.0 毫米，宽 1.5 ~ 2.5 毫米，通常有内弯或钩状的皮刺。花期 5—8 月，果期 5—10 月。生于杂木林下、林缘及河沟溪边草丛中。

果和根入药；杀虫止泻，祛湿止痒；主治虫积腹痛、泻痢、疮疡溃烂、阴痒带下、风湿疹。

参考文献

[1]《天目山植物志》编委会 . 天目山植物志 : 1—4 卷 . 杭州 : 浙江大学出版社 , 2010.

[2] 《浙江植物志》编委会 . 浙江植物志 : 1—7 卷 . 杭州 : 浙江科学技术出版社 , 1989-1993.

[3] 《中国植物志》编委会 . 中国植物志 : 1—80 卷 . 北京 : 科学出版社 , 1959-2004. http://frps.iplant.cn/.

[4]《全国中草药汇编》编写组 . 全国中草药汇编(上、下册). 北京 : 人民卫生出版社 , 1975.

[5] 中国医药网 : 中药材大典 . http://www.pharmnet.com.cn/tcm/dict/.

[6] The Angiosperm Phylogeny Group. An update of the Angiosperm Phylogeny Group classification for the orders and families of flowering plants: APG Ⅳ . Botanical Journal of the Linnean Society, 2016, 181: 1-20.

[7] 姚振生 . 药用植物学 . 北京 : 中国中医药出版社 , 2017.

[8] 浙江省食品药品监督管理局 . 浙江省中药炮制规范 (2005 年版) . 杭州 : 浙江科学技术出版社 , 2005.

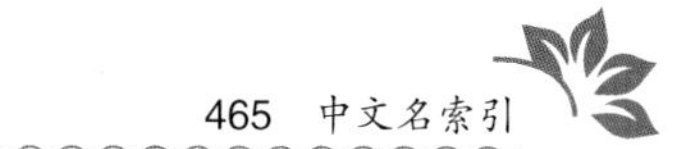

中文名索引

拉丁学名索引

B

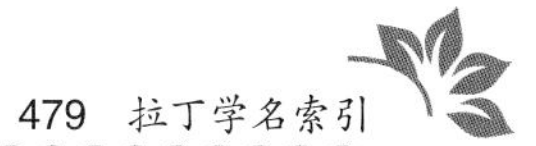

R

S